笑顔が自慢の柴犬チコです

柴犬のチコ。

チコママ

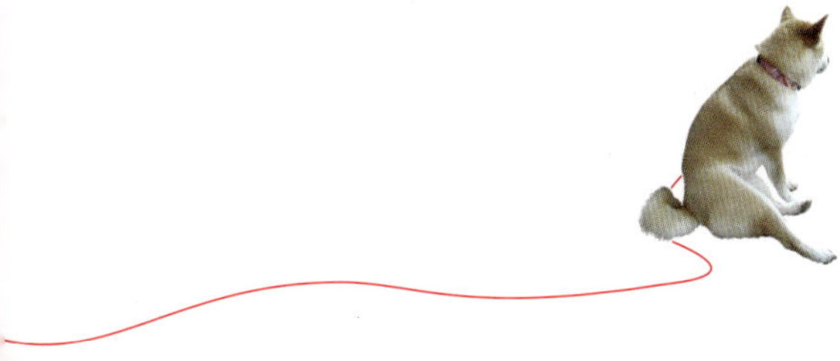

チコ

CONTENTS

あかんぼチコ。→ 中犬チコ。

はじめに

2006/04/21「ブログはじめました」

はじめまして、チコママです。
今日から愛娘、“柴犬のチコ”と暮らす毎日の出来事について
綴りたいと思います。
チコは私にとって初めてのワンちゃんです。
当然、驚いた事や困った事、また時には泣けちゃう事など日々初めてだらけです。
不慣れな「ブログ」なので上手くできるかわかりませんが、
まずは頑張ってみます！
どうぞ、宜しくお願いします♪

2006

5/5 「ヘイへ～イ★ハコ乗り！」

チコは車が大好き♪
車の前まで行くと「早く～早く乗せて☆」とおねだり。
ドアを開けると、すぐさまピョ～ンと飛び乗ります。

あとは写真の通り☆すんごいハコ乗りでしょう？

このハコ乗りの踏み台になっているのはチコママ。
涼し気なチコとは反対にもう汗だくだYO！

5/19 「マッチ売りのチコ☆」

風呂敷を１枚かぶっただけなのに、とたんに苦労人に見えてくるのはナゼ？

しかも首に巻くとお地蔵さんになるのはどうして？

5/20 「チコのおいしい顔」

チコはおいしい物を食べる時、必ず変な顔になります。

「はぁ～うんめぇ～♪」って顔です。
まるで温泉にザブ～ンとつかった直後のおじさんの顔やないの…（汗）

5/21 「天然記念物なチコ☆」

突然ですが、柴犬さんって天然記念物なんですって～。
柴犬に限らず秋田犬などの日本犬は天然記念物に指定されているそう……。

↑天然記念物らしく気取ってみたYO！ どう？

6/10 「やっぱりオフロ嫌い☆チコ」

今日は、チコのオフロの日です。
『ひどいのママ！ チコ、わざと臭いのに」

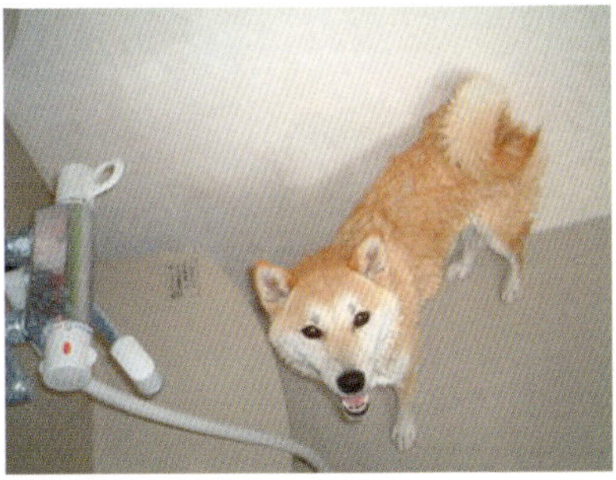

7/6 「チコ、待ってます…」

最近の、チコのヘンなクセ☆
人間が食事にしようと支度をすると、自分も食卓につく。

ご飯、待ってますから・・

しかも誰よりも早く。
……もちろん、チコは食事済みです。
なのに「チコ、腹ペコだけど、おとなしく待ってるの」
みたいな不憫オーラを出せるのはさすが女優。

8/2 「おかえり」

以前は、チコママが仕事から帰宅しても
「あ～帰ってきたの…」くらいのテンションだったチコ。
今は、違う。熱烈歓迎♪♪
ママへの愛情が増したのか………いいえ、違います。
クーラーのついた涼しいお部屋に入れるからだYO！

おかえりなさ～い

↑↑この笑顔も、クーラーに入れるから（汗）

理由は何であれ、喜んで出迎えてくれると正直、嬉しい。
すぐさま、チコを待望の「クーラー部屋」へIN☆

極 楽

↑すっごく幸せそうな表情♪♪

この顔見たさに、毎日汗だくになってマッハで帰宅しとります。

8/5 「かみあわない☆散歩」

そろそろ、散歩に行こうYO！
チコた～～ん!!

「ママ、勝手に行ってくればぁ～」
いやいや、あなたの為のお散歩ですから（汗）
さぁさぁダレてないで、支度しなさい。
ちゃんと帽子を被って、

いざ、レッツラ・ゴー!!

まだ、少し暑いねぇ。
でも、早く行かないと帰りが暗くなるもんね。
…ほらっ、チコ、ちゃんと歩いて！ もう疲れたの？

はっ。
ご～め～ん～な～（汗）
チコのシッコタイムに気づかず、
リードを引っ張ってしもた…。
ほんっと、めんご…（汗）

「ムリに連れ出すし、チーも気づかないし、もう嫌だ!!」

とうとう、駄々をこね始めたチコ。
顔の肉が首輪に押されてブサイクになっているのも構わずに猛反発！
チコよ…。
そりゃ、ママも悪かったけどほら見てごらんよ。

この壮大な景色！
こんなキレイな景色の中を、いつもママと散歩してるんだよ。
この大自然を見てると、小さなわだかまりなんてどうでも良くなるでしょう？

「…………。」

なんだか納得いかないような表情のチコでしたが、
帰宅後ママがＰＣを見てると、足元で転寝してました♪♪

ママも、もっとチコの事を理解できるようにがんばるね!!
可愛い寝顔に何回もチュ～をして、また嫌がられたチコママでした……。

8/22 「チコ☆ペロリンチョ！」

暑い日が続いて、毎日大好きなアイスクリームばっかり
食べてるチコママ。
そんな時、必ず寄ってくる茶色い影が…。

「は～い、は～い！ チコも食べるの!!」
ママがアイスを食べていると、この期待に満ちた笑顔で、
しかもオスワリして待ってるんです。
この催促に勝てる人、尊敬しますYO！
チコママにはムリ。
じゃ～、ちょっとだけだよ!!

「すごく美味しかった…ペロリ…☆」
喜びのあまり、悶えながらもペロペロ。

本当は、人間のアイスなんて与えちゃいけないんですよね。わかってるんですけど…☆☆　ついつい。
ついつい…毎日（大汗）

9/14 「何か変なチコの…★」

「よし。お庭、異常なし！」
お庭を隅々までパトロール。（狭い庭なんですが）
そうだよね。ここはチコのなわばりだもんね。

で、パトロールも終わり、お外に飽きてくると…。

「ママ～、開けて～。」網戸ごしに中を覗くチコ。
可愛い♪　もうちょっと見てとこ～。

「ママ…!?」

「あ～け～て～!!」肉球で網戸をガリガリするチコ。
カワエエ……もっと見ていたい（ひどい）

10/12 「ウチのママのこと」

みなさんに、ウチのママの事を聞いてほしいの。
ちょっとヘタクソだけど、最後まで読んでね。

「がんばって、書くの！」

きいて、きいて!!
ウチのママはチコの事を何もわかってないの!!

例えば、毎日の散歩でチーをする時だって
チコは、ゆっくりリラックスしてしたいのに……

「きゃ～っ！ チコおりこうさんね!! チーでたの!?
たくさんでた!?」……大声で言うんです。
チコ、恥ずかしいんです。

後は、チコがお昼寝してる時。
チコは、のんびりネンネしたいのに……

「カワユイ寝顔♪ ブチュッ♪」
突然、襲われます……。

お散歩の時も。チコは、たまには早く帰りたいのに

「ママとお散歩、楽しいよね!?」
ズンズンズンズンズン……。チコを引っ張っていくんです。ママ、力が強いから、チコは負けちゃうんです。

しかも最近、頼りにしていたパパまでもが

??「ほ～ら、チコ。たかいたか～い♪」
アホになってきてるんです。
ママのがうつったんだと思います。

チコの事が大好きなのはわかるけど…。
ちょっと、愛され過ぎも困るなぁ…なんて思っちゃいます。

でもね。チコが1つだけ、好きな事があるの。チコが夜、ベットでネンネする時に、ママが毎晩チコの頭をそっと撫でながら「チコ、大好きよ。ず～っと一緒にいてね」って優しい声で言ってくれるの。

その時だけは、チコもとっても心地よくて、ウットリしちゃいます♪ 結局、チコもママの事が好きなのかな♪♪

いいよ、ママ。ずっと一緒にいてあげるね。

11/9 「ココロの鏡」

今日は心機一転!!!
ココロのガソリンも満タン♪♪
元気一杯のママ＆チコは、張りきってお散歩に出かけたよ！

ママがウキウキしてると、チコも嬉しそう♪♪

草叢の中を、クンクンしたり

今日は、ちょっと違う気分？
「鶏糞・フレグランス」を付けたりしました。

………っつうか、チコちゃん。
そんな事ばかりしてるから、いつも「ドブ臭」がするんだよ〜!!
週に1回、シャンプーしてるのにさぁ〜。

「チコは、そんなの気にしないの！」

ぷぷぷ♪
ま、いっか♪
チコが元気なら、それで満足しとかなくちゃね☆☆

チコの笑顔は、ママの心を写す鏡だね。
どうかチコの笑顔が、いつもピカピカのキラキラでありますように！

この子の見る夢が、いつも楽しいものでありますように………♪

12/5 「そこんとこ、ヨロチコ！」

今日のお散歩の時、
チコは、憧れのジャッキー兄さんに会ったの。

このジャッキー兄さんは、すごいの!! 高学歴なの！
3ヶ月も、学校に行ったらしいの〜〜〜〜!!

チコも１回だけ行ったけど途中で寝ちゃったの（汗）

ジャッキー兄さんがすごいのは学歴だけじゃないの。

兄さんはね……………なんと!!
「地域の子供を見守るパトロール犬」なの〜〜!!

毎日、小学生たん達の下校時間にあわせて
パパさんとパトロールしてるの♪♪

そんな“りりしい”兄さんを見て
チコは考えました……。

チコは“無職”なばかりか
最近は、本能の赴くままに生きていた気がするの！

今日だって……実は、こんな事をしでかしたの……。

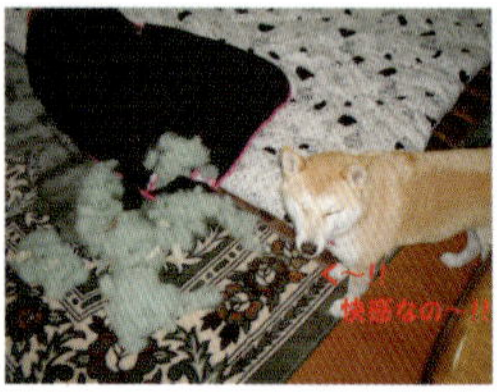

それに……
お庭をホリホリした“砂だらけの顔”でお部屋に入ったりした…。

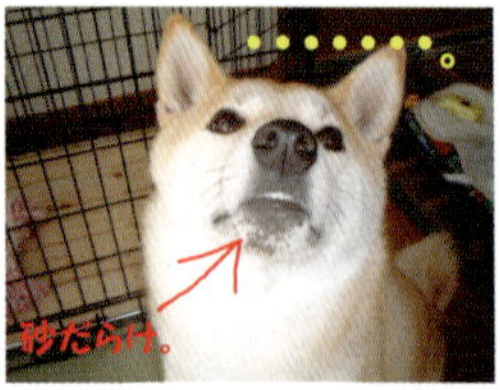

あら…!?
ひょっとして、チコは本当にイケナイ子なの!?

でも今は「ちょいワル」がモテるらしいの。
チコはやっぱりこのままでいいや〜いひひひ。

12/13 「チコはお姉さんだから」

最近のママはね〜
「年末は忙しいから」って、帰って来るのが遅いの！
チコは、早く遊びに行きたいのに〜。
夕方のお散歩もちょっと時間が遅れると

一生懸命さがしたけど、誰もいないの。
「ママのせいなの〜」って思って、
ママのお顔を見上げたら

「お化粧」はハゲてるし
お髪は、サンバラバンバンバンなの〜〜〜!!

ママはニコニコしながら
「チコちゃんに会いたくて、一生懸命急いだんだよ」

そうなの？　チコの為だったの…。
早速、弟の「シバ・ヨンジュン」と話し合ったの。

２人で「お留守番ができる」ところを
ママに見てもらうの〜〜！

……はっ！
ママが、こっちを見てるの〜〜〜〜。

ママは、チコとヨンジュンを見て
「ふふ、一緒に遊んでるの？ いいね！」って言ってくれたの〜〜♪

やった〜〜♪

「師走」の間は
ママがこれ以上、老けないように
我慢しようと決心したチコなの。
老け顔、怖いから。

チコ、名前の由来

チコを飼う前、私はセキセイインコと暮らしてました。
グリーンの可愛い男の子。名前は「チコ」です。
「柴犬のチコ」はお兄ちゃんから受け継いだ名前なんですよ。

おしゃべりが上手な可愛い子でした。
１日のほとんどをママの肩の上で過ごしてました。

何でも私のマネばかりして、迂闊に独り言も言えないくらいでした。
「お仕事行ってきますね～バイバ～イ☆」
「お父さん、すかん（嫌い）ねぇ～～～」
「チコちゃんは、どうしてそんなに可愛いの♪ 可愛すぎ♪」などなど。
旦那の愚痴まで覚えるので、油断できませんでした☆☆

ところが、この可愛いチコは「癌」に侵されました。
可愛いお腹はみるみるうちに腹水で膨らみ、
その重みで止まり木に止まる事もできなくなりました。
お腹が苦しいのか、ご飯も食べられません。
動物病院へ連れて回ったのですが、言われる事は同じ、
「回復の見込みはないでしょう。」と。

私は、悩んだ挙句「少しの延命ならできるかも」と言われた薬の投与を中止しました。

我が子のように可愛いチコ。
大切な大切なチコ。
少しでも長く一緒にいたい……そう思ってましたが、ご飯も食べられず、
歩くこともできない程苦しそうなチコをこれ以上、見ていられませんでした。

「ありがとう。もう頑張らなくていいよ。本当にありがとう。」

小さな黒い瞳は、まっすぐに私の目を見てました。
私の気持ちをわかってくれたような気がしました。

薬の投与を中止して間もなく、チコはお星様になりました。
享年４歳でした。

最愛のチコを亡くし、寂しくてたまらなかった頃「柴犬のチコ」と出会いました。
ワンコを飼う予定なんて全くなかった私でしたが……一目ボレでした（照）

最初は、インコとのパワーのギャップに戸惑ったり、悩んだりしましたが
今は「お兄ちゃん」と変わらないくらい大切な宝物。

柴犬のチコにも「チコにはねぇ、お兄ちゃんがいたんだよ」と教えています。
この先もずっと、忘れる事はありません。

チコ、ずっとママと一緒に居てね☆☆

切に願うチコママでした。

2007
上半期

1/1 「顔面☆初汚れ」

あけまして、おめでとうございます！

今日のお散歩は、田んぼ初心者のパパと2人なの。

だからチコが色々案内してあげるの〜。

チコ、いつも
こっちに行ってるの

ぷぷぷ!!
パパは「何も知らないから」チコの言いなりなの！

「チコが行きたかった所」に誘導するの〜〜!!

まずは「鶏糞ランド」なの♪

くすっ
鶏糞ランドで毎日、
遊んでるの〜♪

くふふ。上手くいったの♪
やった〜〜〜♪
久しぶりなの〜〜!! ママと一緒だと叱られるから♪

久しぶりの
鶏糞フレグランス

すっごい楽しいの！
ねぇねぇ、パパも楽しいでしょう〜??

ところが、チコのお顔を見たパパは
「やばっ!!」と言ったまま、固まってしまったの。

何が？？

?

するとパパは
「チコちゃんの顔面が、コゲてる！」だって！

それは、マズイの。きっとママに叱られるの！
しかも「ハメを外しすぎた罪」と「パパを騙して誘導した罪」の重罪がバレてしまうの!!

やばいよ
やばいよ
出川風に読んでね

こわい、こわいの〜〜〜!!!
パパ、急いで帰って証拠隠滅なの〜〜〜!!

オウチに帰った後、パパがチコのお顔をゴシゴシ洗ってくれたの。証拠は、これで消えたの〜〜〜♪♪

しばらくして、初売りに出かけていたママが帰ってきたの。「お散歩、楽しかった？ カメラ見せて♪」とママ。

………………あ!!

結局、「証拠隠滅の罪」が1つ増えただけのチコ＆パパなのでした☆

1/26 「悩み多きチコちゃん」

久しぶりに
ボーイフレンドのペチロ君に会ったの♪

ペチロ君は、再会がよほど嬉しかったのか、

↓ すんごい体当たりなの……（汗）

そして、そのまま情熱的なキッス……（ポッ）

ペチロ君たら、強引なの。
男の子って、みんなそうなのかしらん？

昨日だって、ワン友コウちゃんが
チコ＆ママに会うなり

えええええ??
チコ、まだそんなココロの準備ができてないの〜！
………そう思っていたら

↓ またもや、突然のキッス。

どうしよう〜〜！
チコは、他にもたくさんボーイフレンドがいるのに…。

何か、争いごとが起こる前に

チコは、みんな大好きだから悩んじゃうなぁ…。
ふうぅ〜〜〜。

2/1 「寒いの！」

いつもは、可愛いお顔のチコちゃんも
寒さのあまり、気が遠くなるのか

↓　こげなブサイク犬に。

目、ちいさっ!!

でも、仕方ないかも……。
山々が翳むくらい、雪が降ってたんだもん………。

明日の朝には積もっているかもね、チコちゃん。

去年の冬は、凍結した水溜りの上で
何回も転んでしまったチコちゃん。
今年は、トリプルアクセルに挑戦します（ウソです）

お散歩から帰ると

すぐに、コタツ布団に潜り込むチコッペ。

「犬は寒さに強い」ってのは都市伝説？
そして、なぜか周りにやつあたり………。

そんなムキッ歯で怒っても

知らないYO!
苦情は寒冷前線に言ってちょんまげ（泣）

2/23 「この笑顔のためなら」

お散歩のとき、ママがわざと
「へへ～～ん！ママ走るの早かろう!?」と
欽ちゃん走りをしながら言うと

負けず嫌いのチコちゃんはめちゃくちゃ
ムキになります（笑）

ママが普通に走っても知らん顔なのに、
欽ちゃん走りだと

↓こげな感じで「ぬぉぉ～」!!

チコに、追っかけさせたい時
「帰っちゃうよ！ バイバイ」も効果的だけど
この欽ちゃん走りには負けるかも…。

ワンコオーナーの皆さん、ぜひ試してみてください。
（リズミカルに手を振りながら横歩きするのがコツ）

ひとしきり暴れた後は草薮ワールドで、ク～ルダウン♪

どこが涼しいか、ちゃんとわかってるんNE♪
おりこうたん♪

気温もけっこう高いし、
よほど暑かったんだろうな～とボンヤリ見てると
ワタシの視線に気付いたのか
可愛い笑顔で、見上げてくれるチコちゃん。

この笑顔が見れるなら
もっともっとたくさん頑張れる。
何だって、やってみせる。

いつも、そう思ってしまうチコママです♪

2/24 「真相を知るのはチコのみ！」

さてさて、突然ですが
チコちゃんが出口を凝視している、ココはどこでしょう？

答えは「動物病院」です（泣）
昨夜から便もゆるく、嘔吐もあったので…。
お薬のおかげで夕方には元気になったチコッペですが

なんでお腹壊したんだろう…。
変わったモノは、あげてないのに…。

ひょっとしたら、お散歩の時に
何か食べちゃったとか…。どう？

……てへ!?
何、その（カワユイ）ごまかし笑いはっ!!

心配になって普段遊んでる田んぼをチェックしたチコママ。すると…ほんげぇぇぇ〜!!
なめこチックなキノコ、発見——!!

しかも、大群で（汗）
チコたんっ!!!　これ、もしかして　食べちゃったの!?

怪しい…。
あの「ごまかしソング」が出る時は、怪しい……。
そう思うも、ワンコの特権「黙秘権」を貫き通すつもりのチコちゃん。

真相を知るのは、チコのみ…。

2/26 「チコママの実験」

さてさて、最近のチコちゃんですが
ノーリードに慣れてきた最近のチコッペ。
大胆になってきたのかママを置いて
ズンズン進んで行く事も（汗）
大声で呼び止めれば待っててくれるんですが…。

もし呼ばなかったらどこまで行くのかしら…。
とっても気になったので実験してみました。

チコが「誰かのチッコ・フレグランス」を堪能してる間に

チコママは、脇にある深さ1m数十cmの側溝に、素早くIN。
目から上だけを出して様子を見る事に。

ママが溝にINしたままドキドキして観察しているというのに全く気にすることなく、1人でどこ行くつもりなの!!

お〜〜〜〜〜〜い！ チコちゃ〜〜〜ん！

チコ、丘の向こうに消える（実験終了）

「そんなバナナ…。」
あまりのショックにフラつきながら
溝から這い出ていると丘の向こうから
チコが、すごい勢いで戻ってきました!!
さすがに怖かったのかすんごい興奮ぶりです（笑）

どこって、ここにいたよ？（溝の中だけど）
チコちゃんが、ズンズン歩いて行っちゃったんでしょ。

ぷぷ！ 1人になったら、怖かったでしょ？
もうママから離れちゃダメだよ。

ママがヨシヨシしてあげると、
ちょっと照れくさそうなチコちゃん（笑）

この後は、ママから絶対に離れようとしなかった
チコちゃんなのでした♪♪

3/1 「特命捜査官・チコ☆①」

１日ぶりの田んぼなの！
変わった所はないか点検するの！　レンジャー!!

………ん！？　あ…あれは！？

ママ！ とうとう、不審者発見したの！

自分の身の安全を顧みず被疑者・確保なの！

こんな人、今まで見た事ないの！
明らかにチコの留守をねらった確信犯なの～～!!
ムキ～!!

かなり怪しいの！ こうなったら仕方ない。
強制・連行なの！ レンジャー!!

え？ なに、ママ。「捨てなさい？」
違うの、これは捜査なの!!
決っして「持って帰って遊ぼう♪」と
思ってる訳じゃないのに～!!
ふぇぇーん。

被疑者とママが、グルだったとは…。
チコ、迂闊だったの！
でも……ママ、今日、釈放したばっかりに
後悔するかもよ……。
きっと、きっと明日、行ったら被疑者たち

ママ、完全に包囲されちゃうの…。
ママがアタフタする様子が目に浮かぶの…。

チコは「捜査官」だから
もちろん守ってあげるつもりだけど、
想像したらおかしいの♪　ぷぷぷ♪

明日、どのくらい増えてるかなぁ？
今日は想像しながらネンネするの。

3/2 「特命捜査官・チコ☆②」

昨日、近所のワン友「空たん&麦たん」のパパさんから
コメントをいただきました。

「チコ特命捜査官、お疲れ様でした。
犯人は田んぼの真ん中で黙秘していたので
空&麦巡査が土手の上の焼き場まで連行しました。
明日、尋問をお願いします。」

だってよ、チコちゃん。

ぷぷ！ 早速、尋問に行こうか♪

ジッ！ ジーパン!?
いや、ママは確かにジーパン穿いてるけど（大汗）

チコ＆ジーパン（！）で、土手の焼き場に行ってみると
本当だ…。連行されてる……。

おとなしく「収容」されてる犯人を見て
チコも、ちょっと同情心が芽生えたようです。

チコちゃん、もう許してあげる？

んまっ！
なんてココロが広いんでしょう！
植木鉢さんも、きっと残りの人生を全うしてくれるよ。
（もうすぐ、燃やされるだろうけど）

ぷぷ、良かったねぇ♪
チコは、な〜〜〜んにもしてない気もするけど
一件落着だね♪♪

めでたし、めでたし♪

3/8 「お願い帰って来て…」 byチコ

あれれ？
ママ、あそこに何かを探している人がいるの。

その人は、ママより若くてキレイなオネエたん。
お目目が、真っ赤なの。

チコが聞くと、オネエたんは
「うちのセキセイインコが逃げちゃったんです」だって。

とってもとっても大事な家族たんなんだって…。

聞いてるママのお目目も真っ赤になっちゃった。
ママはチコと暮らす前はインコたんと暮らしていたから。

オネエたん、ママ！ チコに任せて！

チコの「鼻センサー」で、インコたんを助けるの！

インコたんが、通ったらきっと、ニオイが残ってるハズなの！ そうだ！ 怖くて、草薮に隠れたのかも！

あ、高い所から見れば見つかるかも！
そう思って、丘を登ってみたけど
やっぱり、何にも見えないの…。

インコたん……。オネエたんが探してるの。

寒くなってきたし、帰ってきて！
チコとママは、いっぱい探したけど
インコたんは見つからなかったの。
ママ、悲しそう…。

ママ、ママ!!

インコたんは、お家をちゃんと知ってるから
明日になれば、帰ってくるかもなの！

ママは「そうよね、そう願おう」って言ったけど
夕方、また１人で田んぼに行ったみたい。
インコたん、どうか　どうか
オネエたんの元に帰ってあげて下さいなの…。

3/9 「田舎ソング」

今日は、昨日よりますます暖かくいいお天気♪

私の愛するチコちゃんも

すんごく　ご機嫌です♪♪

でも、それも当然。

見てちょんまげ、この青空〜〜〜〜☆☆

田舎っていいな♪

♪　ルルル〜田舎　　へへへ〜イ田舎　みんなおいでよ
ラヴ　田舎　♪
（作詞作曲：チコママ）

作れるYO！
ご清聴ありがとう！ Ｍｙハニー。

チコママがここまでウカれる理由は
お天気のせいだけではありません。

昨日のインコたん無事に見つかったようなんです。
みなさん、ご心配いただきまして
本当にありがとうございました。
みなさんの願いがインコたんに届いたのかも♪
もちろん、チコちゃんの願いもね♪ ありがと♪

3/30 「春はオサレの季節なの☆」 byチコ

春といえばオサレの季節なの～～～♪
今日は一張羅の「バンダナカラー」でオサレしてみたの♪

でも、ママは「チーちゃん、太ったからバンダナが
小さく見えるよね」だって～!!
ひどいの～!!

ママなんて、ムシムシなの！
誰か、他の人にバンダナを見てもらうの！
あ～、ちょうどいいところにリオたんが来たの♪
「リオた～ん！ 早くこっちに来て～」

リオたん（汗）
急ぐあまり顔面から田んぼにダイブしたの。
やっぱりこっちに来なくていいの…。

リオたんと別れて、しばらく歩くと
ビーグルのバブたんに会ったの～♪
わ～い！ バブた～ん♪

バブたん相変わらずクール・ビューティなの。

バブたんとバブバブ歩いてると
今度はなんとデイジーたん・空たん・麦たんの大群と
遭遇したの～～～～～♪
嬉しいの～～♪ 今日は大安？
早速、みんなでオヤツタイムなの。

みんな、バンダナも褒めてくれたの♪ くふふふ～♪

いっぱい遊んで
ウキウキとお家に帰ったチコ＆ママ。

遊びに来ていたばーたんが
チコを見て一言。

「あら♪ 可愛い三角巾ね～～～♪」

チコの家族は、どうしてオサレがわからないの？
そっとタメ息をついたチコなのでした…。

チコ可愛い ランキング

愛する我が子の一挙一動は、どれをとっても可愛いもの♪
その中でも特に萌えるポイントをランキングにしてみましたYO！
別名「親ばかランキング」です。

第1位 伸ばしても伸ばしても巻いてしまうシッポ

これは、たまらない!!
かわいい♪♪
しかも嬉しい時、巻いたままペコペコ振るんです。
シュッと伸びたシッポさんも魅力的ですけど、なぜか丸まってしまうチコのシッポが大好きです。

第2位 三角の立ち耳

これは、日本犬オーナーの皆さん、賛成してくださるのでは？
可愛いですよね～～♪　しかも手触りがたまらない！
柔らかくて、まるでフェルトみたいです。
しかも、匂いも楽しめるんですよね～～☆

第3位 私の事を、すっごく見つめている時

真っ黒のキラキラした瞳で、バシバシ見つめてきます。
ワンコの目力はスゴイ☆
ついつい、オヤツを取りに台所へ行ってしまう…。
だって～～。何かをすごく訴えかけているんだも～ん!!

第4位 家の中を覗き見している時

??「ママ、何してるのかな～」
気になるみたいで、時々覗いています。
声をかけてあげると、安心して遊びに行きます。
甘えん坊さんね♪　って感じでママ心をそそられます。
オヤツ狙いの時もあるけど。

第5位 寝顔

おおっ☆ なんと無防備な寝顔♪
こんな顔が見れるのは飼い主の特権ですよね。
“安心してるんだな～”って愛おしくなります♪
気持ち良さそう…。

…以上、チコママの勝手にランキングでした。
普通“笑顔”とか、入るんじゃ～と思われるでしょうが、ちょっとマニア的な視点で採点しましたので……☆☆☆
皆さんは、愛するワンコ様のどこが一番スキですかぁ～？ 全部♪ っていう答えはナシですよ☆

ワン友紹介

田舎で暮らすチコには素敵なお友達がい〜っぱい♪
ここでは、一緒に遊ぶことが特に多いお友達を紹介します。

姫ちゃん（柴犬・女の子）

チコと一緒にいるとよく「あら、双子ちゃん？」と聞かれます。体型が似ているのが原因かも？ どんなに遊びに集中してても「オヤツ」の一言ですっ飛んで戻って来る可愛い女の子です。

ショウたん
（ミニチュアシュナウザー・男の子）

男子ワンコには強いけど、女の子にはめっぽう弱いショウたん（笑）。チコにどんなに肉球パンチされてもじっと耐える彼は真の意味での「男」かも。趣味は女の子の肛門をクンクンすること♪

プーチンたん（柴犬・女の子）

黒柴のプーチンたん。日本犬には珍しく洋服を嫌がらずに着こなす都会派です。一番のお気に入りはオーダーメイドしたヒョウ柄のコート（ファー付き）。これがまた似合ってしまうのは、その毛色のせい？

ダボたん
（ラブラドールレトリバー・男の子）

町一番のイケメン（自称）。確かにハチミツ色の瞳がとてもイケてる彼ですが、どういう訳かキャラは超三枚目。彼の本当の魅力は外見ではなく、そのキャラクターかも。趣味は豚骨を食べてクチビルから血を流すこと！

エルたん
（ラブラドールレトリバー・女の子）

人間のお姉ちゃんと弟君をもつエルたん。３人兄弟として育ったせいか、とても人間チック。公園で遊んでいても常に弟君の面倒を見ているのには驚きました。チコも頼りにしている優しいお姉さんです。

シュウたん（MIX・女の子）

名前のせいか、ブログの読者さんからはよく男の子と間違えられるシュウたん（汗）。実際はとても優しい女の子です。アドバルーンやパラグライダーなどの空を浮遊しているものが大の苦手だそうです（萌）。

バブたん（ビーグル・男の子）

いつもクールで冷静沈着なバブたん。その凛とした佇まいはまるで「侍」のよう（洋犬なのに）。お耳がとても長く水を飲んだ時は耳まで濡れちゃうんだとか。それでも動じないけど。

小川の公園

けっこう山奥（？）にある自然豊かな公園です。チコはここの小川でイヌカキをマスターしました♪ 夏になると沢山のワンコがやって来るので一緒に泳いだり芝生を走ったりして楽しんでいます。

1 この日初めて会ったベルギーシェパードのリクたん。その大きさに驚く姫たんとチコ。

2 左がコタロー君、右がゆずなたんです。二人ともブログを通してお友達になりました。コタロー君は横浜から飛行機に乗ってやって来たんですよ〜。

3 まだ子犬のゆずなたんを遊びに誘うチコ。一応「楽しいお顔」のつもりです（汗）

4 「お尻クンクン」はワンコがお友達になる為の第一歩？ 仲良く繋がって「柴・肛門列車、３両編成」のできあがりです♪

5 ダボたんと仲良く川遊び。ダボたんがあげる水飛沫はとても大きく、チコは全身ずぶ濡れに（笑）

6 川に入るときは、ちゃんと順番待ちしようね（笑）

4/3 「あぶないチコちゃん」

最近のチコちゃん
ちょっと「マニアックなカホリ」にハマっています（汗）

だって

↓ こげな事、しとりますもん。

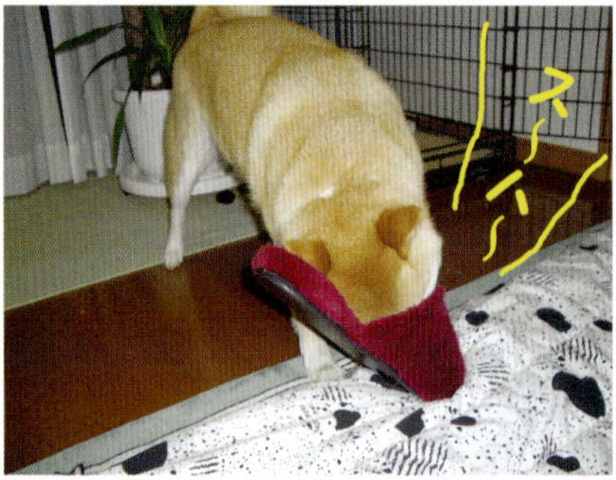

数個あるスリッパの中で
カホリを楽しむのは、この赤だけなのですが

かなりマニアックです…。

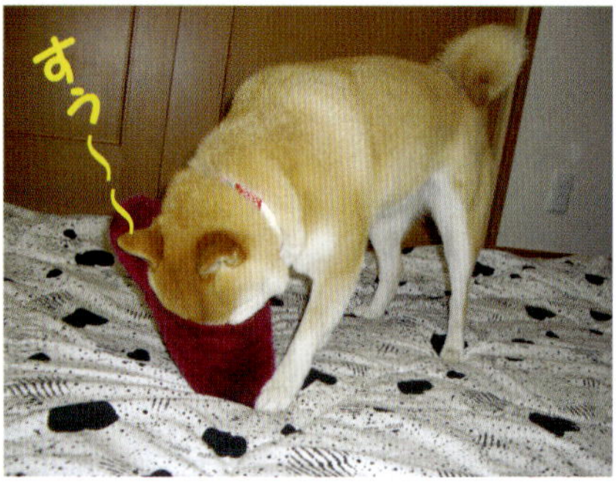

しかも、存分に楽しんだ後は
意識が朦朧とするのかバタリと倒れこみます。

これ、やめさせた方がいいでしょうか。
皆さんの温かいアドバイスをお待ちしてます。

4/13 「悶えるチコちゃん」

今日はお散歩中に雨が!!
体が濡れたので、チコを拭いてあげようと
ママがタオルを出していると

あれま、そげな物を咥えてから！

チコちゃん、お風呂場から持ち出した

ブーツが気に入った様子です（汗）

１人で、ドッタンバッタン遊んでます（笑）

なんとも可愛い姿だけど
いいかげん、穴が開きそうなので
ブーツを没収しました。

すると今度は

ウダウダし始めるチコちゃん。
よほど「つまらない」のか
１人で悶えております（笑）

おおおお…。

そんなに、つまんないの？
雨も上がってるし（帰宅した途端、晴れてきたYO）
もう一度、お散歩に行く？

……あれ？
チコちゃん？

今度は、オネムなの!?

この後、すぐにイビキをかき始めたチコちゃん。
寝つき良すぎ……。

4/15 「チコちゃんの目標♪」

お待ちかねのお弁当タイムです。
グリニーズをちゃんと、お手手で持って
上手に食べてました♪♪

お腹いっぱいになった後、喉が渇いたのか
お茶のボトルをペロペロするチコちゃん（萌）

一生懸命ペロペロしても、一向に出てこないお茶に
不思議そうなチコちゃん（萌&萌）

あんまり可愛いので「こっちなら出るかもよ」と
“お〜いお茶”のボトルを渡してみると
しばらく考えた後

諦めてました（笑）

もうちょっとオトナになったら
「お茶も飲める柴犬」になれるかもね♪

ぷぷ♪
がんばろうね、チコちゃん♪

4/16 「本当のチコ」

最近、皆さんから
「チコちゃんは優しい子だね」という
過大評価なコメントをいただきます。

ママとしては、とっても嬉しいのですが
やっぱり、皆さんには
「本当のチコ」を知ってもらいたい。

こんな子ですよ。
↓
↓
お庭で、大好物のアキレスを食べていたチコちゃん。

アキレスは
チコのエネルゲンなの～

そこへ
ワン友・Rちゃんが通りかかりました。

チコちゃん、ご挨拶をすると思いきや

ほら
Rたんだよ?

なんと

隠れた!!

一本しか　ないから・・・

お友達に、大事なオヤツを
分けるのが嫌だったみたい…。

皆さん。

↓これが、本当のチコの姿です（大汗）

こっそり・・・・

それでも、チコを愛してくれますか？

4/18 「チコが目指すもの」

チコ家が住む町では
町会議員選挙の真っ只中です。

ウチのチコちゃんは
選挙カーが我が家の前を通る度に
急いでお庭に出て、通り過ぎていく選挙カーを
必死に追い掛け回しております（汗）

あっちなの！

人がたくさん乗ってて
楽しそうに見えるのかな？
遊んでるんじゃないんだよ～（笑）

散歩に出ても
頻繁に通る選挙カーが気になって仕方ないチコちゃん♪

あ、○○さんなの!
がんばって♪

ぷぷ♪
そんなに好きならチコも立候補すればよかったね♪

乗れるよ♪

できるの？
あのお車にも乗れる？

チコちゃんだと
「犬（けん）会議員候補」だね～ぷぷ！

お。チコちゃん、乗り気ですよ♪

乗れるんだぁ・・・・
ウットリ

そうと決まったら、さっそく運動しないとね。
さぁ、地域の皆様にご挨拶に行きますよ♪

おお～。なかなか上手だね♪

高い所から失礼するの!
柴犬のチコなの!

だ～～～れもいないけど
大事なのは気持ちだもんね（笑）

4/29 「今日の教訓」

いつもの田んぼワールドに着くと
早速、鶏糞フレグランスをスリスリするチコちゃん。

あんまり夢中になってスリスリするので
もう少しで溝に転がり落ちるところでした……。

[田んぼ教訓その1]　フレグランス取得は広い所で。

今度は、転がらないようにひかえめにスリスリ（笑）

ぷぷ…かわええ〜〜〜えええええっ!?
ちょっと待ったあああああ!!
慌ててチコの首輪を掴みました。
ガ…ガラス……。ぞおおおおおお〜!!

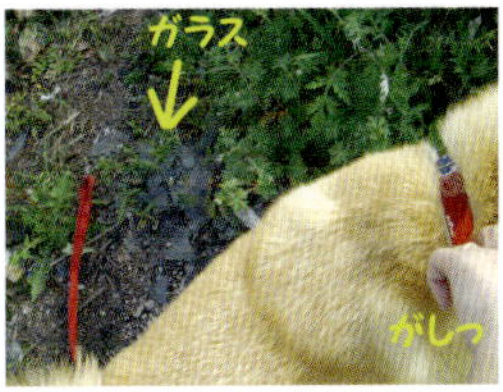

幸い、チコちゃんにケガはなかったものの
ママの心臓はもうバクバク。

危ないので、即すみっこによけました。

[田んぼ教訓その2]　ワレモノ注意。

しばらく歩くと
あっ！ あれは！ まだ、あったのか！
イトウさんのパンツ。

前に見つけてからずいぶん日も経つのに、
雨にも風にも負けず、まだあった……。

[田んぼ教訓その3]　イトウさんのパンツみたいに強くなれ。

そう、今の世の中、強くなくちゃ生きていけないよ？

4/30 「チコ多忙な1日」 byチコ

チコ、今日はと〜っても忙しかったの♪

だってね〜、ばーたんが
「せっかくのお休みだからチコちゃんと遊びに行きたいなぁ」ってお電話かけてきたの。

チコは、本当はお昼寝する予定だったけど
ばーたんに付き合ってあげたの〜♪

いけいけ
ご〜ご〜なの！

みんなで、お車ブンブンなの。

公園で遊んだ後、お家に帰って
さて、お昼寝をしようかな〜って思ってたら

今度はねーたんが
「チコちゃんと、一緒にお散歩したいな♪」だって…。

ええ…。
チコ、お昼寝したかったのに…。
「ノーと言えない日本犬」なの……。

ひくひく
お昼寝さん…
さようなら…

ああ…神様。
チコは、どこまで付き合えばいいのでしょうか……。

どこまで
行くの〜〜〜

結局この後
ねーたんと1時間は歩くハメに（汗）

で、

こんな姿になってるのでした……。

また
八の字眉に！

ねーたんに肩を揉んでもらってるけど、
もう2歳だし、疲れがなかなか取れないの。

5/1 「しんみりするチコ」

ドロドロの田んぼにズンドコ入って行っては
これまた、何の悪気もなく
すごい状態のアンヨで戻ってきます（汗）。

くふふ♪
楽しいね！

ママも楽しいでしょ
くふふ♪

でも、大好きな田んぼで遊べるのも
あとわずかです。

あちこちで、もう田おこしが始まっています。

チコちゃんもちょっと……

しんみりしています（笑）

いっぱい　走ったの‥
しみじみ

大好きな田んぼだったから
気持ちはわかりますが

しんみりしすぎ（笑）

お〜い

休耕田もあるし
あんまり落ち込まないでね、チコちゃん♪

5/3 「チコ IN 野生の王国」

昨日、ワン友のパパさんから
「ええ公園があるよ～」って教えてもらったチコママ。
早速、行ってみましたよ～～～！
いざ、着いてベックリ。

ひっろ～～～!!

あまりの広さにチコも大興奮です。

しばらくボールで遊んだ後は
川に下りていったチコちゃん＆パパ。
ズンズン歩いていくパパを必死に追うチコちゃん（萌）

急ぐあまり、足が滑ったのか
なんと、石と石の間に落ちてしまいました!!

しかも顔面から。

ぶぁははははは！
落ちた瞬間を写真に撮れなかったのがおしい～～!!
ああ……チコちゃん。お耳まで濡れてるＹＯ！

ママ達は爆笑でしたが
当のチコちゃんにはショックだったらしく、
慌てて河原から上がってました（笑）

ぷぷ！ チコちゃん、大丈夫だから下りておいで～♪
そう呼んでみるものの
もう二度と、下りて来ようとはしませんでした（笑）

チコちゃんもまた１つお勉強したみたいですよ♪ ぷぷ！

まぁ、お勉強しても

おっちょこちょいは治ってないけど♪♪

またみんなで来ようね、チコちゃん♪

5/4 「心配症のチコちゃん」

今日のチコちゃん。
朝からお庭で頑張ってます。

何をかって？
「裏口の門番さん」をです。

ココから先は
通さないの!

パパ＆ママに置いてけぼりにされないように
裏口の前で見張ってるんです（笑）

チコちゃん。そんなに心配しなくても
今日も一緒にお出かけだよ♪

ふふ♪
やったなの!

今日はパパ＆ママ＆ばーたんで
山菜採りに出かけました〜♪

生まれて初めてのお山にチコちゃん大感激な様子♪

わんだふる!

山菜採りが終わったら
チコちゃんの運動に昨日の公園に寄ることにしました。
（実はこっちがメインかも）

この公園が、すっかりお気に入りのチコちゃん♪

本当に楽しそう（萌〜〜〜〜♪）

帰り道は下で待ってるばーたんを思い出したのか
すんごい急ぎ足に。

無事、下のベンチに座っていた
ばーたんを発見し大安心の様子でした（笑）

疲れたの

よかったねぇ　チコちゃん♪♪

5/7 「この子がいるから。」

ママが落ち込んでいる時。

チコちゃんはママのお顔を
心配そうに何度も覗き込みます。

そして
一生懸命、笑ってみせてくれます。
ママにも笑ってほしいから。

それでもママが
落ち込んでいる時は

可愛くおどけて見せてくれます。

ありがとう。チコちゃん。
ママはいつも、あなたのおかげで
元気になれます。

ママの気持ちを
いつも敏感に感じ取ってくれるチコちゃん。

こんな日は

チコちゃんが、ぐんとお姉さんにみえるよ♪

今日は
ちょっとした事件があり
かなり凹んでいたチコママ。

１人でズ～ンと沈んでいると
いつもはお昼寝しているチコちゃんが
心配そうに私に付きまとってきました。

そんな可愛い姿を見ていると
不思議とココロが軽くなってきました。

「ああ。この子がいるからいいか」

何の解決にもなっていませんが（汗）
そう思えるんです。

チコちゃんはママの
ココロの栄養ドリンクだよ（笑）

ありがとう。
明日からは
一緒に元気に遊ぼうね。チコちゃん。

5/14 「疲れすぎなチコちゃん」

今朝のチコちゃんはお散歩の時間がきても
一向に起きる気配がナッシング（汗）

チコ、まだ眠いの・・・

出勤前の時間に追われ、
必死に起こすママに応えようと
一応、頑張ってはいるようですが

んがぁあああ〜!!

昨日遊びすぎたせいか
これ以上、カラダが動かないらしい（汗）

お昼間、存分に寝ていたであろうチコちゃん。
夕方になっても疲れは取れてないようです。

なんと、チコちゃん。
「フセ」のポーズのまんまディナー・タイムに突入。

ポリッ
ポリッ

そのまま完食しちゃいました…。

でも、ちょっとは元気が出たのか
妙にスッキリしたお顔に（笑）

そろそろ
お散歩でも
行っちゃう?

ぷぷ♪
そうだね、そろそろ行こうか!!

今日は途中で
ワン友のハナちゃんに会いました。

ハナちゃんの事が大好きなチコは
もうベッタリ（笑）

べったり。

何か一生懸命、お話ししてましたよ♪

チコねぇ
寝たままご飯たべたの。
へぇ〜

まだ２歳だというのに
こんなにも疲れを引きずるチコちゃん。大丈夫？

5/17 「おふくろさん」

どうもチコちゃん、
エネルギーを持て余しているようなので
ちょっと早いけど、お散歩に出ることに。

うふ♪
楽しいねぇ、ママ！

それにしても早い時間に散歩に出ると、やっぱり暑い！
チコちゃんも暑かろう？
ママが日陰を作っちゃろうね～。 ほれ。

ありがとなの

ママは、チコの「おふくろさん」だからね。
可愛い我が子の為なら日傘にだってなるよ♪

もし嵐の日なら、この身を盾にしてでも
チコちゃんを守るよ。
それが「おふくろさん」の愛ってもんよ♪

でも今日は
チコのお水を
忘れたろ
柴犬チコ２歳

…………ぅううう。ごめんYO！
そう、肝心な飲み水を忘れて来ちゃった（汗）
あは♪ お茶目なおふくろさんでしょ♪

ありえない
この炎天下で
飲み水なし
柴犬チコの嘆き

あ、でも日傘となり盾となるから～～！
愛情だけは、たっぷりあるから～！

じゃあ
チコのお水になって！

お、お水ですか!?
液体はさすがに……ちょっと……（汗）

飲み水をもらえない事が
よほどショックだったのか
案の定、途中で駄々をこねるチコちゃん（汗）

お水ないなら
歩けないの！

もう日も暮れて、涼しくなってきたのに
一歩たりとも動こうとしません。

チコは、ココロが
カラカラなの。

10分ほど押し問答した結果、11キロあるチコちゃんを
抱っこして帰るハメに……。

6/8 「チコ流なすべて」

今日は何して遊ぼうかなぁ
うふふ～なの

チコちゃんが、今日のお遊びに選んだのは「砂場」。
自慢の「クログロ・鼻センサー」が
何者かのニオイを、キャッチしたようです。

何か埋まってるの

何だろう。

背中を丸めて必死に掘ってますよぉ♪

ぬおおおおお!!!

掘って掘って掘った結果、
出てきたのは　「チェルシー」の包み紙１枚。

あんれま～!

お顔も砂だらけになりながら
掘ったのにねぇ～残念。

チコちゃんも、あまりの結果に
やるせなかったのか１人やさぐれてました（汗）

「アナタにもチェルシーあげたい」
……って。
紙だけだったの!!

ああ……今度ママがこっそり

本物のチェルシー、埋めといてあげるからね！

6/13 「うめ吉たんへ」

昨日、チコのお友達のうめ吉たんが
天国へと旅立ちました。
笑顔の可愛い、小さなうめ吉たん。
訃報を聞いた時にはあの可愛い笑顔を思い出し、
また、残されたご家族のことを思い
ただただ泣いてしまった私だけど
今はこう思うのです。

うめ吉たんと私達は、住む世界が離れてしまったけれど
きっとうめ吉たんには私達が見えてるんじゃないかなって。

特に、パピーさんやマミーさんの事は
お空の上から、あの可愛い笑顔で
覗き込んでるんじゃないかな。
本当に、そんな気がするんです。
そんな事を思いながら、今日のお散歩に出ました。

今日も張りきって、朝から公園にレッツラゴ〜！
うめ吉たん、見えるかな？
この公園はね〜
なんとぉ！
こんなステキングな「せせらぎゾーン」があるのよ〜。

この「せせらぎ」さん、どんどん進んでいった先には
なんと、こげな大きなため池になってるの〜ぷぷ！！

チコちゃん、すんごくアセったYO！
でも、ふと横を見ると

アヒルンさん達も、余裕で入水していたので
ちょっと、入ってみたくなったみたい。
でも、うめ吉たんも知ってる通り
チコはヘタレだからすんごく慎重でしょ（爆）

そして、さんざん悩んだ結果
こんな入り方をしてたよ〜〜〜〜（笑）

チコ的には「後ろが残ってれば安全」なんだろうね！
このまましばらく固まっていたけど、最後の一歩を踏み
出せないまま、浅い方にユーターンしちゃったYO！

カラダはうめ吉たんの２倍くらいあるのに
活発なうめ吉たんとは違って
チコちゃん、ちょっと怖がりさんです。

うめ吉たん。最後になったけど、今までチコやチコママ
と仲良くしてくれて、ありがちょ〜♪
今は、空の上でお友達と楽しく遊んでね。
会えなくても、絶対に絶対に忘れないよ。

6/20「必死なチコママ」

チコちゃんのために
ママはプレゼントを買ってきましたよ（また…）

じゃ〜〜〜〜ん♪ ズラでズラ。

チコちゃん、似合ってるYO!
一気にエキゾチックになったわん♪

…………………………（大汗）
ごめん。ママ、嘘ついてた…。

さあさ！ チコちゃん（汗）
こんな時は楽しくお散歩にレッツラ☆ゴ〜ですよ♪
午後からお車で隣町の公園に行ってきました。

チコちゃん、不思議そうに水面を覗き込みます。

ぷぷ♪ その可愛い丸刈りっ子は
チコちゃんだよ。とってもキュートでしょ？

チ、チコちゃん！

あれは違うの！
カモさん、きっと用事を思い出したんだよ！

あああ！ 拗ねちゃったYO!

どうしよう……！
チコママはどうすればいいの！

皆さん！
チコちゃんを慰めてあげて！

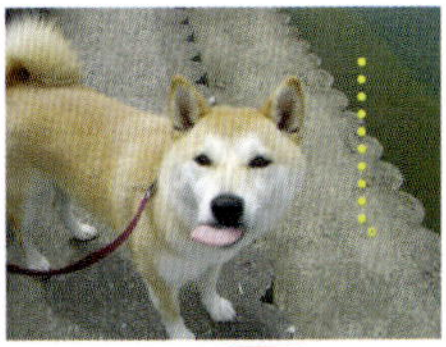

6/25 「トホホなチコママ」

梅雨だというのに
今日の福岡県、すんごい日本犬晴れでした。
気温も31度まで上昇！
ママ＆チコは涼を求めて「小川の公園」へGO〜♪

久しぶりの
川遊びなの〜♪

チコちゃん、かっこよく小川にダ〜〜〜イブ!!

と思いきや
意外に慎重派（笑）

心臓から
遠いところから
ゆっくりなの

しかもお水が冷たく感じるのか、ほとんど動きません。

そんなプリチ〜な姿を見ていたら
何かしらちょっかいを出したくなるチコママ。

んがっ！

２人でジャブジャブ遊んでいると
水たまりにオタマジャクソン（オタマジャクシ）発見！
小さくて可愛い〜〜♪

チコちゃんに、近くで見せてあげたいな。
そうだ。ビニール袋があるから
その中に捕獲しようか。（ちゃんと返してあげるよ）

チコちゃん待っててねこの中にオタマジャ……

ピュ〜
ピュ〜

ごめん。ムリじゃった。

あ、でもビニールは
まだ何枚かあるよ。待ってね〜。
え〜と、え〜〜と…

もういいから
帰ろう ママ。

……そうですか（涙）
ごめんねチコちゃん。
今度来たときは、特大のオタマジャクソンを
見せてあげるからね♪

私ってトホホなママですねぇ（汗）

6/29 「チコちゃんのお見舞い」

チコのばーたん
今日も具合が悪いらしいの。
そうだ！ 昨日みたいにチコがお見舞いに行ったら
元気になってくれるかなぁ～♪

そうと決めたら「シバは急げ」なの！

お見舞いのミルク・ガムを持ってゴ～ゴ～なの～！

カルシウムが
いっぱいなの

チコは、一刻も早く行きたいのに
ママは「あら！ ガムげな咥えて！ 駄目やん」だって。

ばーたんに
あげるの！

これは、ばーたんのお見舞いなの！
大事に大事に持って行くの！

なのに……

ママの
アホウ～～

あああ～ばーたんの家と反対の方に～～～～～！
結局、チコはガムを咥えたまま
怪力のママに田んぼワールドまで連行されたの～!!

♪思えば～とおくに
来たもんだぁ～

チコはどうしてこんな所に……（泣）

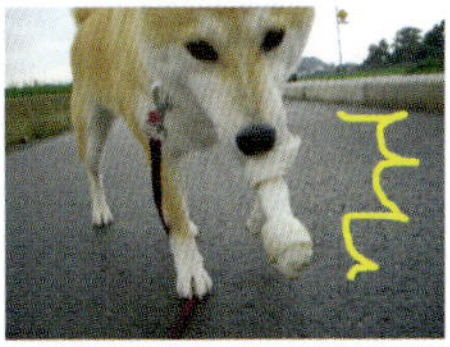

その時、ママの携帯電話が鳴ったの。
何かお話ししていたママ。
お電話を切ると、チコにニッコリ笑って
「ばーたん、お目目が覚めたって。来ていいってよ」

ばーたん、ネンネしてたの!?

ママは、チコの頭を撫でながら
「お薬が効いて、ずっと寝てたんだよ」だって。
そして「これから、会いに行ってみる？」だって～♪

ごめんなさいなの

いく♪ いくの～～～～!!

ママは、ばーたんがネンネしてたの知ってたのね。
駄々こねてごめんなの～～ママ！

チコ・ボディの秘密

これはブログでも紹介していないレア情報！（笑）

男子ワンコ諸君！ 今すぐ、メモのご用意を♪

体重11キロ・体高39センチ・毛色赤（ちょっと薄め）

チコの耳

お菓子の袋の音にはとても敏感。穴の奥からは、懐かしいような良いカホリが（萌）

チコのしっぽ

一回転半巻いた、自慢の巻尾。ご近所さんから「サザエのつぼ焼きみたいね」と言われた事アリ。

チコの鼻

よく言われるのは「鼻の穴、大きいよね」という言葉。私が指を突っ込んで遊びすぎたせいかも。ごめん…。

チコの肉球

チコの爪と肉球はピンクなんですYO！ 我が子ながら隠れた所が乙女チックなのがニクイ。

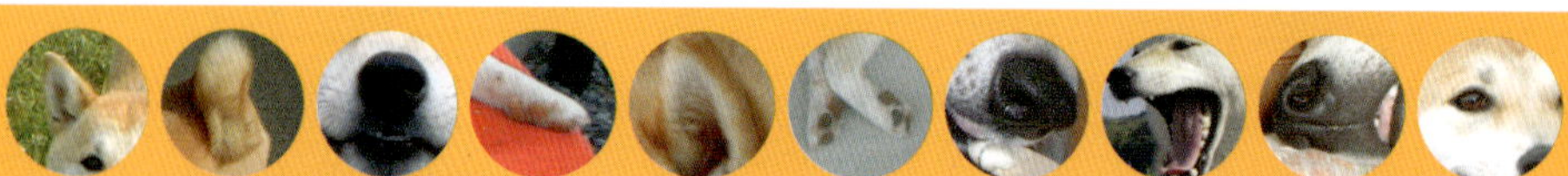

2007

下半期

7/13 「台風4号とチコ」

さあさあ♪ ボール遊びでもしちゃう？
……と思いきや
ぎゃあああ！ 風が強いYO!

びょおおおお〜
キャ〜

台風さんが来るのは明日だっていうのに
何じゃああ！ この強風は～～!!

お目目が
開かないの!

7/14

午後になり台風もだいぶおさまってきたので
ちょっとだけお庭に出してあげました。

ただし命綱つき。

命綱

それでもチコちゃん嬉しそう♪

お外の風は
気持ちがいいの〜♪

夕方には念願のお散歩に出られたチコちゃん。
暴風域は抜けたものの、まだ時折強い突風が吹きつけていました。

びゅわわわ〜〜〜

周りを見ると
「内トイレ・できない派」のワンコたんが一斉に出動（笑）！
ワン友のゴローたんもスッキリしてご機嫌な様子（笑）

チッコできた!
びよ〜ん

もちろんチコちゃんもスッキリできた１人なのでした♪

7/20 「チコちゃんの正体」

29年前の今日、日本で初めて未確認生物「ヒバゴン」が目撃されたそうな!!
未確認生物が大好きなチコママ。
どうしてもヒバゴンに会いたい。
って事で、今日のお散歩は「ヒバゴン探し」に決定～～♪

調査にも思わず力が入ります。
慎重に慎重に歩を進めるチコチコ探検隊。
ついに最も危険なエリア「亜熱帯の森」に到着！

ぎゃあああ!! チコ隊員!!
顔面から湿地に突っ込み、何やってるんですか～～！
ヒィイイイイイ～～!!

何じゃあ！ そのお顔は！
あなたの方がヒバゴンみたいだＹＯ!!

サロンに行ったばかりなのに……（号泣）
「チコチコ探検隊」急遽、撤収～～～～～!!

アジト（＝お家）に戻ったチコちゃん。
とっても嬉しそう…。

御満悦のところ申し訳ないけ、ど今からお風呂ですよ。
ミミズ＆ドロまみれのお顔をキレイキレイしましょうね。

～～～～～～15分後～～～～～～

キレイになったものの、突然の「シャンプー地獄」に
納得がいかないチコちゃん。怒り狂ってます…。

ヒバゴン調査を断念した事も無念なのかすごい形相です（大汗）

こわいよ。
こわい。

チコちゃん、怒ったらヒバゴンになるんだ……。

7/24 「ギュウギュウ」byチコ

夕方、「小川のある公園」に連れて行ってもらったの〜！
もちろんお友達も一緒なの〜♪

今日は蒸し暑いし川に入っちゃうの〜〜〜！
あっちに行ってみようかなぁ〜〜♪

……。
やっぱりこっちに行こうかなぁ〜〜〜♪

む、麦たん!? どうしてチコに付いて来るのおおお!?

すんごい。ひたすら付いて来るの！
公園は、こんなに広いのにここだけギュウギュウなの！
……そうだ！ 麦たんは、お水が苦手で入れないの！
ここまでは追って来れないの♪

チコ、麦たんの事は大好きだけど、もっと広々と遊びたいの。ごめんねなの。

川はとっても気持ちがいいけど、もう日も暮れてきたし。

でも…でも…岸辺には……麦たんが（汗）
あああ……。またギュウギュウなの…（大汗）

チコはもうどうしていいのか
わ〜か〜ら〜な〜い〜〜!!

7/31 「アイスはどこに消えた」

チコが川をチャプチャプ歩いてるとママが
「チコちゃん。今日は泳ぎの練習しちゃう？」だって！
えええ〜！
ビート板でも持って来たの？
チコ、できるかわからないけどだいたい頑張ってみるの！

さぁさ、ママ。 ビート板はどこに……。
…ん？ ママ…もしや。
リードを引いて、深いところに連れて行くつもり？

いやああ！
チコ、ビート板がないなら深い所には行かない！

これ以上進んだら溺れちゃうのぉ！ ヒエエエエエ！

ママの手を振りほどき命からがら生還したチコだけど、
ふ〜〜。危ないところだったの〜。

チコ、今日はもう陸地で遊ぼう〜っと♪

そうだ。さっき落としたチコのアイスさんはどこ？

…そうなの。
お口の横からピンク色が見えるのは
チコの気のせいかなぁ。

小梅たんに聞いてみよう♪
ねぇねぇ、小梅たん。 チコの……。

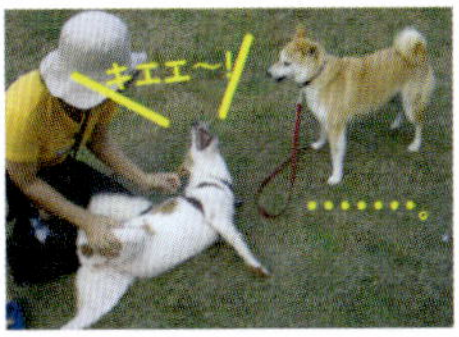

……ご、ごめんなの。
ヨガの練習中だったの（汗）
チコの事、気にしないで続けてなの。

おかしいの。
姫たんも、もう持ってないみたいだし。
どこにいったんだろう、チコのアイスさん。

みなたん、もし見かけたら
チコに連絡してなの。
連絡方法は、ホラ貝でヨロチコなの。
チコ、だいたい聞こえると思うから♪

8/3 「天国と地獄」

さてさて、今日のチコちゃんは
久しぶりに訪れる田んぼに、大興奮です♪

嬉しそうに早速 IN するチコちゃん。
……ん？
ああ…チコちゃん！ 田んぼに埋もれてるYO!

本人も「これはヤバイ」と思ったらしく
そのままバックして帰ってきました（笑）

そのまま「蛙狩り」に遊びを転向です（笑）

ノォォォォォォ〜!!
ママの悲鳴に「何か」を感じたのか
そのまま固まるチコちゃん。

ああ…もういいよ（号泣）
どうせ、アンヨも汚れてるし。

「ちょっと」でも「かも」でもないけど許す！
思い切り、遊んじゃえ〜〜♪

楽しそうだなぁ！ チコちゃん！（ヤケクソ？）

〜〜〜〜〜15分経過〜〜〜〜〜

折角お楽しみのところ、申し訳ないんだけど
そろそろ帰りましょうか。
だってさ。
帰ってから、チコちゃんをシャンプーしなきゃだし♪

んぷぷぷ。
ちょっと可哀想だけど、クサイんだもん（笑）
我慢してね、チコちゃん♪

8/10「改めて、考えたこと」

チコちゃん？ あなた
この夏日に、何を丸まってるんですか

ワンモナイトの化石？

ばーたんの説明によると
欲張って、クーラーの真下で昼寝してたチコちゃん、
冷風がモロに当たりすぎて、ばーたんが気が付いた時には氷のように冷たくなってたそうな！

危機一髪だったの

さてさて
「たれパンダ」の毛布で無事に解凍されたチコちゃん。
夕方から、ママとお散歩に出ましたよ♪

かわええ（萌）

夕方６時を過ぎて、お空はもう夕焼け色に
染まっています。

へえええ〜い！

今日は「田んぼで思いっきりラン」を特別許可するよ。

んぷぷ♪空を飛んでるみたいだね。
チコちゃん！ 満足してくれたかな？

すんごい
楽しいの♪

そう。良かった。
ママは、チコのその笑顔が大好きだよ。

いつもいつも「チコをとびきりの笑顔にしたい」と
思ってるチコママだけど、今日は特にそう思うよ。
改めて「この子を、一生守っていこう」と思いました。
いつもいつも信じきった瞳でママを
まっすぐに見上げてくれるチコ。
大袈裟かもしれませんが、私の全てを投げ打ってでも、
その瞳に応えたいと思いました。

チコちゃん。ずっとずっとママの傍にいてね。
だからとりあえずお家に帰ろうYO！

ママのアホウ・・・

8/21 「チコが姉タンになった日」 byチコ

今日も元気に公園に出かけたチコだけど
すんごいウッキウキなの～♪
だってぇ
お友達の姫たんと、待ち合わせしてるの！

チコ姉、おまた♪

くふ♪ 元気だったぁ？
今日はねえ、チコが公園を案内するの。
まずは泳ごうか！
チコについて来て、姫たん。

そうなの～？
こっちが安全なの

ん？

グキッ！
……ん？

はんぎゃあああああ！
姫たん、コケちゃったの？
大丈夫!?

ちょっと
滑っちゃった・・・・

その後、姫たんとオモチャで遊んだりしたの♪

すんごい
顎ヂカラなの
みしみし

姫たんと遊んでると、
チコはとっても楽しいの～！

姫たん！
また、遊びに来てなの～♪

仲良しなの

8/26 「黒ヒゲ危機一髪」

さてさて。今日もチコママ親子は小川の公園に
行って来ましたよ♪
すると、なんという事でしょう。
ダムの放水量マックス！

これは、ちょっと
チコにはムリなの

今日はもう帰ろうかと思ったその時！
激流にも負けず、ガッポンガッポン泳ぐラブラドールさん発見！ あれは、もしや……
やっぱり！お友達のダボたんです♪

すごい！こんな激流で泳げるなんて♪
チコちゃんも尊敬の眼差しです（笑）

この辺にいる

チコも
イカしてみたいの
そぉ〜

ところがチコちゃん。
ママがちょっと目を離した隙に
ナイアガラの中へ突入してしまいました!!!!

きゃあああああ！
チコちゃあああああん！
案の定、すごいスピードで、どんどん流されていくチコちゃん。 危ない。 危なすぎる！
チコママが思わず川に入ろうとしたその時…！
ダボたんが、流されるチコの前にスッと寄って来ました！

ひええええ!
イカす救助!

おかげで水の流れが軽減されたのか
チコちゃん、無事に生還です（大汗）

よかった……。 本当に良かった（号泣）
ダボたん！ どうもありがとう！

本当にイカすダボたん。 今、チコママの中では
「抱かれたい男子ワンコ」のNo１だよ！

名乗るほどの
者じゃないぜ
フッ
名前は知ってるの

9/4 「チコママ、まだ続く受難の日々」

今日もチコ＆ママは小川の公園に行ってきましたよ♪

おりゃ～なの

ママがわざとボールを川に投げ入れても、
躊躇する事なく川に入り、ボールさんを
上手にキャッチ♪

チコちゃんも嬉しいのか、得意そうなお顔で
ボールを咥えたまま泳いでいます（萌）
そのまま、泳いで泳いでなぜか、向こう岸に上陸（汗）

はれ?

どうも、泳いでるうちに
方向感覚を失ってしまったようです（ベックリ）

チコちゃん自身も「渡っちゃってる自分」に
アセったのか、慌てて戻って来ようとします。
しかも、よりによって急流ゾーンから（汗）

すんごい
急流なの・・・

あぶないYO！
そげな所から、水に入っちゃダメダメ!!

流されちゃったら
ごめんなの・・・

ぎゃあああ!!
もう、たまらず「あっち！ 浅い所に行くと！ あっち！」
と叫んでいると、チコちゃんも気づいたのか
無事に浅い所から泳ぎ渡って、帰ってきました♪

ただいまなの～
へろへろなの。

おお～心配したYO！
ママも、もう若くはないんだから
あんまりドキドキさせないでおくれ（汗）

てへ。
ごめんなの～

9/15 「ごめんね」

実は、食あたりしてしまいました。

いっひっひ～

今、チコママのお腹の中には
たくさんの悪玉菌が、増殖していることでしょう。

ママのお顔・・・
ゾンビみたいなの・・・

熱も、38度5分まで上昇しました。
あまりの苦しさに、身悶えるチコママを
ちょっと離れたところから
心配そうに見守るチコちゃん。

ママ・・・・
人間に戻れるかなぁ

遊ぼうともせず
ただただ、お部屋の隅でじっとしています。

そんな姿が可哀想になり
フラフラしながらも散歩に連れて行ったのですが
チコちゃん「早く帰ろう」って座り込んで動きません。
遊びたいハズなのに……。
きっと、ママが無理をしている事をわかっているのでしょうね。

ごめんね、チコちゃん。

ママが早く
いつものママに
もどりますように

ママが欲張って、腐ったものまで食べたせいで…。
「ワンコと暮らす」という事を改めて
考えさせられました。
チコにとっては、ママがすべてだものね。

ママ・・・

明日までには絶対に、元気になるからね。
今夜はママと一緒にネンネしようね。

9/19 「似たもの同士」

あまりの残暑に耐えられず、小川の公園に
行ってきました！
お友達のエルたん発見〜〜♪

あわわ〜
待ってなの〜

ああ♪ よかった〜！
これで今日も、楽しく遊べるね♪

だから、毛だって・・
エルたん
日焼けしすぎ
なの！

このチコ＆エルたんのコンビ。
見てると、なかなか面白いんですよ〜。

チコママが川にボールを投げると
２人とも、すごい勢いで取りに行くのですが

ボール！
ボール！

なぜか
どちらも、手ぶらで戻ってくるんですよね（汗）

取り残された
ボールさん

んで、岸に上がって初めて
お互い「放置プレイ」だった事に気付き
すんごい驚くんです（笑）

チコたんこそ・・・
エルたん！
手ぶらなの？

ぷぷ♪
ちょっぴり天然なところが
なんとなく似ている２人です（笑）

お互い、グーしか
出せないじゃん・・・
ジャンケンで
負けた方が
取ってくるの

9/21 「LET'S チコチコ体操」

今日も元気いっぱいに走り回るため
まずは恒例の準備体操でウオーミング・アップですよ！

くいっ
くいっ

それでは〜、チコチコ体操〜はじめっ！
おいっちにさんしっ！

のび〜〜〜〜〜〜っ

ご〜ろくしちはち！

チコ・・・
くすっ
またナイス・バデイに
なっちゃったかも・・・

ハイッ！ 終了〜♪
カラダが充分にほぐれた後は
１人、悦に入るチコちゃんです…ぷぷ♪

チコた〜ん！
おまたせでしゅ〜

チコチコ体操が一通り終わったところで
お待ちかね！ 本日の「かわわ・ゲスト」
プーチンたんが到着しました〜♪

あはは〜ん
うふふ〜

相変わらず、かわええYO！
とっても仲良しな２人は、さっそく追いかけごっこ〜。

２人とも、かけっこが得意なので
すごいスピードです〜！
たくさん走った後は暑くなったのか
チコは、急いで川にIN！

泳いでる時って
どうして悲しい顔なんだろう

「プーチンたんもおいでよ〜」というチコの誘いに、
プーチンたんは、頑張って川を渡ろうとしますが…

河童がプーチンの足を
引張るでしゅ！

自分でリードを踏んでます…（笑）

ふんがぁあ

この後も、かなり苦戦していたプーチンたんですが
最後は「黒柴の気合」で乗りきったようです（笑）

9/28 「侍わんこ、バブたん」

♪バブたん～はね
ビーグルなんだよ　ホントはね♪
だけど　でっかいから
「あ♪ バセット・ハウンドですか？」
って言われちゃうんだよ♪

可愛いな　バブたん♪

ビーグルやっちゅうねん

って事で（？）
今日はバブたんと遊んだチコです♪
バブたん、本当に可愛いんですよ～。
お耳だってペロ～ンと長くって
お水を飲む時は「耳下浸水」しちゃうんですよ！

ちゃぽ・・・・

お耳が濡れるなんて
ワンコにとっては、気持ち悪いかなぁと思うのですが
さすがバブたん。動じませんとも。

そんな「侍バブたん」。
いつだって冷静沈着ですよ。
たとえ大好きなママさんが
チコに横取りされそうな時でも。

気持ちいいの

いや～ん。ステキング。
ぜんぜん、ヤキモチなんて焼きません。

ぜんぜん平気でござる

ただ、こっそり倒れて
ママさんの気を引いちゃうだけです。

ボール遊びにも興味ナッシング。
何しろ、侍ですから〜。
ただ、チコが取り損ねたボールが偶然、
目の前に転がってきた時は

まるで「武蔵坊・弁慶」のようにボールの前に座り込み、
絶対にボールを渡しません。

バブたん…。もしかして……もしかすると
すんごいシャイなだけなのかぇ!?

本当はチコとも
遊びたいんじゃないの〜（笑）

本当のところはバブたんが知るのみ。
これからもヨロチコね！

ワン友
色んな遊び場編

オフ会

2ヶ月に一度位のペースで「ＢＢＱオフ会」を開催しています。ドックランを一面貸し切るので人間も安心して肉に集中できます（笑）。徐々に参加ワンコが増えていますが、みんな犬見知りすることなく仲良く遊んでいます。

元気に走り回る柴達。右上がチコ、標的になってるのはなぜか姫たんです（笑）

みんなでオヤツをおねだり。オフ会の会場ではオヤツをたくさん持っている人がワンコにモテます。

飼い主達が手に持った皿を見つめるワンコ達。こんな目で見られると美味しいお肉も喉を通りません…。

真ん中にいる小さい子は子犬ではありませんよ～。列記としたオトナの「豆柴」ちゃんです。本当に小さくて可愛い～。ちなみに左端の大きい子はチコです（汗）

この日が初対面の白柴リュウたんにナンパされるチコ。

初めて会った相手の事を知るには、やっぱり「肛門チェック」が一番！ おそるおそるクンクンする姿が可愛いです♪

コンロの上のお肉を狙っているリョウたん。こっそり覗いても、ちゃんと見えてますよぉ～（笑）

豆柴ちゃん２人の可愛い遊び♪ 体重はチコの半分くらいです。同じ柴犬なのに不思議ですよねぇ。

大豆たんとエルたんの2ショット。日本犬が集う中、1人だけ洋犬のエルたんですが、何の違和感もなく柴たちと走り回っていました（笑）

可愛いお尻が2つ並びました♪ 柴の魅力の1つは、このプリッとしたお尻ですよね。クルリと巻いた尻尾も、とてもキュ～トです。

遊びすぎて、会の最後のほうにはお疲れモードになってしまったチコ。顔面がシワシワです……すごい！

田んぼ大帝国

田んぼがお休みの間だけ遊ばせてもらっています。タニシやモグラがたくさんいる田んぼはワンコ達にとっては宝の山です♪ 近所のお友達と元気に走り回ったり、宝探しをして楽しんでいます。お散歩中にいろんなワンちゃんに会えるのも、楽しみのひとつです♪

キャバリアのアン君。活発すぎるチコが怖いらしく、いつもママの腕の中に逃げてしまいます。チコはアン君と遊びたくて仕方がないみたい…（笑）

お散歩中に、知らないワンコから声をかけられ（？）固まるチコ。このワンコ、パパの農作業について来てたみたいです。とても大人しい子でした♪

シュウたん（左）と遊んでいたら、お散歩中のワンコが参加してきました。「一緒に遊ぼうよ～」って言ってるのかな？

畦道を仲良く歩いているチコとショウたん。その可愛い後姿には飼い主達も癒されまくりです♪

春には、草花がとてもキレイな田んぼ。ワンコ達も、とても気持ち良さそう～♪

9/30 「逃げ惑う柴わんこ♪」

２人で仲良く遊んでいると
何だか芝生の向こうから
すごい勢いで走って来る黒い影が見えました。

あれは何だ？
大砲の弾？ いや違う……

あれは♪
チコも大好きなお友達、エルたんです～♪

今日も会えて、嬉しいよ～♪
チコママは、エルたんの底抜けの明るさが
大好きです。

今日もエルたん、元気いっぱいですよ！
チコ＆姫ちゃんに、ハイテンションでご挨拶した後は

「臭いため池」で
ザップンザップン走り回り（水の色が変わりました）

泥水でビショビショのまま
逃げまとう２柴を、追い掛け回してました！

これには、飼い主一同　大爆笑♪
エルたん、やっぱり好きだなぁ（笑）

可愛くて元気いっぱいのワンコ達のおかげで
毎日、本当に楽しい時間を過ごせています。

ありがとね、チコちゃん、みんな♪

10/10 「完全看護」

昨日は、ばーたんの血圧が
チコッと上昇していたので実家に泊まっておりました。
珍しくご飯を食べないばーたんを見守るチコ。

ばーたん・・・
食欲ないの・・・

ばーたんが落ち着いてきたので
「お散歩に行こうか」って誘っても動こうとしません（笑）
完全看護？
もうそろそろ「膀胱、マンタンで〜す♪」なハズなのに

チッコなんて
一滴も出ないの

そのまま１時間ほど、頑張っていたチコですが
膀胱さんの主張に耐えられなくなってきたのか
しぶしぶ、お散歩に出てくれました。

いそいそ
チッコさん
頑固なの

このまま、ウンＰまで終わらせるかと思いきや
ばーたん宅から３ｍほど先の草叢で
慌ててチッコするなり、ユーターン！
ばーたん宅へ、逆戻り（汗）

早く、開けてなの

※新種のオットセイではありません。

あらら…。チコちゃん、ウンＰはしなくていいの？

ウンPなんて
一グラムもないの

そっか。わったよ。
その代わり、明日はいっぱいお散歩しようね♪
お家に入ると、ばーたんが
チコにお菓子を用意してくれていました。

何だろうと思って見てみると
なんと「落雁」。しかもカッティング済み。

盆菓子?!

チコちゃんへ。看護のご褒美だよ♪

本当は 洋菓子が
食べたかったの〜！

10/12 「和洋折衷のワンコたち♪」

「和洋折衷ワンコのオフ会」に行ってきましたYO！
お友達がお友達を呼んで
総勢10匹の賑やかな会になりました♪

B・コリーのユノたんに興味津々のチコ（笑）

柴わんこと比べると
まるでドレスアップしたかのような洋犬さん達に
囲まれてちょっと戸惑い気味なのかも……

（尻毛提供：Gレトリバーのバロンたん達）

たしかにチコッと

だね。
でも心配ナッシング！
自称「デキるママ」ことチコママは
こんな事もあろうかと、ある物を用意してきましたよ！
にん！ どうだ!!

こんな素敵に「ミカン」を着こなせるのは
やっぱ日本犬だけだよ～。
……ん？

ユノたん……まだ赤子なのにやるわね（汗）

10/13 「誰!?」

こちら福岡も、だいぶん涼しくなってきました。
こりゃあ、もう
川にINするのは無理かしらね、チコちゃん。

カッパ犬を
なめたらアカンなの
ぷっ

え？ 入っちゃうの？ やめときなさい、寒いよ？
ああああ〜チコちゃ〜ん！
入っちゃった……。

ぶーっ

何とか気合いで乗り切ろうとしたチコちゃんですが
やはりお水が冷たかったらしく
１ｍほど泳ぐとすぐにユーターンして
慌てて岸に上がっていました（汗）

ざぶっ!
ぴょんっ

ほら〜。
やっぱりお水が冷たかったんでしょう。
ムリすると、風邪ひいちゃうよ？

カッパ犬
チコッと見栄はり
大失敗
詠み人　柴犬チコ

芝生広場に行ってカラダを温めてきなさ〜い！

はいなの!
ママ〜〜〜〜!

どう〜？　少しは温まったかな〜♪
……ん？

ママ〜!!　誰かがチコに
目潰しをするの〜

チコちゃん!?　何やってるの？

ムキィイイ
もう!
やめて下さいなの!

やめてくださいって……。
それ、リードだYO！

ん?

走り回ってるうちに
自分でグルグルにしちゃったんだよ？

あははは〜ん
一人SMだったの〜

10/15 「未知との遭遇」

今日のアフタヌ～ン散歩はチコッとサボって
線路向こうの「田んぼ大帝国」に行ってきましたよ～。
しばらく楽しそうに歩いていたチコちゃん。
何かを発見したらしく、急に立ち止まってしまいました。
ん？ どうしたの？

・・・・・・。

……。
姉さん、事件です。
田んぼ大帝国にＵＦＯが着地したもようです。

宇宙人たん
来たみたいなの～

ここは電線が少ないから
宇宙人さん御用達になってるのよねぇ。
（本当に以前、サークルが出現し新聞沙汰になりました）
可愛いチコちゃんが浚われては大変！
今日は、これにて撤収～～！

あ～あ。
宇宙人たんに会いたかったの

ふぅ～。
危ないところだったねぇ、チコちゃん。
今日は戸締りを厳重にしなくちゃ…。
ん？
こらこら（汗）

チコ
みしみし
まだ帰らないの！

チコちゃんったら
どうしていっつも、そこで駄々こねるの～！
早く帰らないと
本当に宇宙人さんが追いかけて来るよ？ いいの!?

チコ、地球の男に
飽きたところなの！
AH～

10/23 「僕なんて」

今日も元気に田んぼへレッツラ☆ゴ～！
あ、ほらほら♪
チコちゃん、見てごらん♪
あんなに、カラスさんがいるよ～。
いいねぇ♪
「遊んで～」って行ってごらん？

ビクッ
こんぬつわ～
柴犬のチコなの

そうそう。
チコちゃん、可愛いからきっと仲良くなれ……

アホ～
バサバサ
アホ～

…飛んで行ったねぇ（大汗）

アホ～って…
アホ～って言ってたの

何言ってるの！
聞き間違いよ、聞き間違い！

こりゃあ、どうするっぺ…。
チコママが内心アセっていると、
ラッキーな事に、お友達のリオたんがやって来ました♪

チコちゃんのオバチャン
どうしたの？

リオたん、あのね～。
チコがカラスさんに意地悪言われちゃって…

僕なんか、最近
「太った」しか言われない
あらま！

リ…リオたん（嗚咽）

世の中って
世知辛いんだよ
そうなの～

10/24 「焦らし焦らされ」

今日は、チコッと久しぶりに
お友達の姫ちゃんと遊びましたよ～♪

チコ
姫たん

久しぶりと言っても、たったの３日ぶりなのですが
柴っ子達にとっては待ち長かったらしく
２人とも、もう大興奮♪♪

まってぇ～
わぁ～い♪

嬉しさのあまり
はしゃぎすぎてしまい……

ドカッ!

↑こげな事になっておりました（汗）

あなた達、激しすぎ～！
ちょっと落ち着きなさい。

チコちゃん！ 特にアナタは
「顔面がはしゃぎすぎ」なので注意するように。

んが～
びくっ!

そうだ♪
ママ「たまごちゃん」を持って来たよ～！
向こうで、遊んで来なさい♪

わぁ～
たまごちゃん

フ～ンフン♪
ねぇ見せて～!

あ～、ほらほら。
姫ちゃんにも貸してあげなさ～い！

欲しいって言ってるやん。

んまっっ！
チコちゃん…あなた。

あ～あ。
どうするの～？

……このまま固まること、３分……

ぷ。
結局、こうなるのね（笑）

10/30 「萌え〜☆」

今日、柴友のプチコママさんから荷物が届きました。
「萌えること間違いなしYO♪」と手紙が添えてあった、

その中身とは……

↑にん。フリフリお姫様ドレス♪

何でも、細身のプーチンたんには大きかったそうで
やや巨柴なチコにどうかと、送ってくださったのです。

わあぁ〜♪ 確かに萌え萌えです〜。
プチコママさん、ありがとう。

ぶら〜ん

…じょ、徐々に慣れていきますね（汗）
本当にありがちょ〜。

11/4 「撮影会のご報告」

雑誌「犬吉猫吉」の撮影会に行ってきましたよ♪

くふ♪
みんなで行ってきたの

チコッと出遅れたチコ家が会場に到着した頃には
もう長蛇の列が！
こんな人ごみの中、仲間を見つけられるかしら…。

え〜と、まずプチコママは……
あ。いた（汗）

やだ、もう〜
地味でごめんね〜
金運
ナンバーワン

そんな、背中に
「ここ掘れワンワン。金塊・宝物ガッポガッポ」と
プリントしてあるファンキーなシャツを着るのは
プチコママしかいないもの。すぐにわかったYO！

ガッポガッポは
プチコ家のロマンでしゅ

無事に撮影が終わり、みんなでランチです。
黒毛和牛の牛骨にすごい勢いでかじり付いたチコは
ムセておりました（涙）

ぐえっほ!!!!

昼を食べた後は、みんなで
近くのドックランへレッツラ☆ゴ〜!!
ここで、撮影会場で落ち合えなかった仲間と
合流する予定です。

来てるかなぁ……♪

ん？
あの、家族総出でアジリティをENJOYしてるのは…。

イエ〜イ
と〜う!

ああ。やっぱり。
「黒い弾丸」のエルたんご一家です（爆）

チコちゃんにはあまり柴っ子だらけなので

↓こげなモノを首輪に巻いてあげました♪

タカアンドトシのハンケチ
欧米か

これならすぐにチコちゃんだとわかるよね。

ぐふふ♪楽しいの〜〜

良かったねぇ〜♪
たまには、こんなドックランもいいね！
他のたくさんのお友達とも交えるし♪

例えば、こんなステキングなワンちゃんとか♪

見て見ぬふりの
エルたん

大きくてカッコイイねぇ。
ママ、ちょっと触らせてもらおうかなぁ…

欧米か!

やめなさい（大汗）
何だかいろいろあったけど（笑）、
本当に楽しい１日になりました♪
掲載される雑誌の発売が今から楽しみです。
お友達のアルバムになるものね！

11/5 「お宝発見☆」

昨日の撮影会の疲れが残っているのか
昨晩から今日の午前中にかけては

ひたすら寝てるか

んご〜
んご〜

はたまた
ワシワシ食べてるか

わし
わし

そのどちらかだったチコちゃんですが
アフタヌ〜ン・散歩に出る頃には

すっかり元気に回復しましたよ〜♪

田んぼ、楽しいねえ
ママ〜♪

今日のお散歩コースは近所の「田んぼ大帝国」です。

わくわく♪
今日は何して
遊ぼうかななの〜

しばらく歩いたところで
何かを発見したのか
お目目を輝かせながら、急に立ち止まりました。

ママ!
お宝発見なの!

え？ 何かしら。
もしかして「金塊・宝物ガッポガッポ」!?

胸をときめかせながら、チコについて行ってみると

お宝なの

…………。

チコちゃん。それ、明らかに誰かが
「汚れ過ぎたので、ここで脱いで捨ててしもうた」
靴下やん。汚いよ。放っておこうね。

あ。

サッ!

こらあああ!
靴下、放しなさいってばぁあああ!

柴犬チコ(2歳)
靴下くわえて、逃走中

チコちゃんめ……。わざとママが侵入できないような
土フカフカの田んぼを選んで逃げたな(汗)

わぁあああ〜
すんごいアンティークなの

↑お宝靴下、視覚で堪能中

プ〜〜〜ン

嗅覚でも楽しみながら、狂喜乱舞

ママ!
待ってなの〜!
まだ持ってる

一緒に帰りたいでしょう?
んじゃ、その靴下は捨てていこうね?

でも
ああ言ってるし
置いてかないで
おくれよ

嗚呼…(号泣)
……もう、いい。
ママ、先に帰ってるからね〜バイナラ〜。

11/6 「ZZZ…」

今まで、記事に書いた事はなかったのですが
ウチのチコちゃんは「犬なのにお寝坊さん」です。

毎朝毎朝、ママが起こしても
なかなか、起き上がってくれません（汗）

ママ、いってらっしゃいなの
チコ、寝てるから

お目目は開いてても、頭の方が目覚めないらしく

気を抜くと

このまま、また眠っちゃいます。

んご〜

チコちゃん！
いい加減、お布団から出てくださいな！
お散歩の時間ですよ！

ママ、
一人で行ってくれば
いいのに〜

……いや。
それじゃ、意味ナッシング……。

と、こんなふうに
お散歩に連れ出すだけでも一苦労なのに、
今朝は思いっきり雨が降ってました（涙）

ポロッ
雨なんですけど…

11/8 「ブリちゃん、ようこそ♪」

こ〜んなにウッキウキな訳は
久しぶりに「柴親友・姫ちゃん」と一緒だから〜♪

やっぱり、お友達と一緒は楽しいよね♪♪
…って事で、今日はもう1人お友達を紹介します。

↑ブリちゃんです

可愛いでしょう♪
今日は都会から高速に乗って遊びに来てくれたんだよ♪

チコは以前、1回だけ遊んだことがあるけど
姫ちゃんは初めてだよね？

↑姫ちゃん。こちらがブリちゃんですよ。

とってもエエ子なので
みんなで仲良く遊ぶように……

…あら。お互いに人見知りしちゃってますね（汗）

さぁさぁ、3人とも
モジモジと固まってないで、遊びなさ〜い！

終始、モジモジしっぱなしの3柴ちゃんだったけど、
ブリちゃんゆっくり時間をかけて、お友達になろうね〜♪

11/10 「悲劇IN田んぼ」

今日のお散歩は、ねーたん＆ばーたんも
同行だったので

チコちゃんの張りきりようも、ひとしお♪

くふ♪
マ〜マ〜♪

「チコの良いとこ、見せちゃうの〜」とばかりに
枯れ草の茂った野原へジャンプ・IN。

そのまま、ウサギさんのように
跳ねて遊んでいましたが、しばらくするとピョッコリ出てきました。

その姿を見て、一同愕然！

OH！ NOOOOOOOOO!!!

チコ、かっこよかった？
くふふ♪

チコちゃん…あなた……。

別人やないの〜!!

チコ、
何か、変なの？

い、いや……人間でも
メイクによって驚くほどお顔の印象が
変わったりしますが、

ワンコでもこんなお顔から

いつもの可愛い
チコちゃんです♪

チコッとアクセントが入っただけで

チ〜〜〜ン♪
（何かが終わった音）

↑こげな事になってしまうのですね（大汗）

恐ろしや……。

11/18 「寒い～」

昨日までは、川で遊べるくらい暖かかったのに
何という事でしょう。

今日はいきなり

チコちゃんも変顔になるくらいの寒さです（涙）

もう11月も中旬なんだから
このくらい寒くって当たり前なのでしょうが

寒いものは寒い……。

寒いと、どういう訳か顔面に力が入ってしまう
チコママ親子。

2人揃って、変顔で行進中です。

しばらく行進していると
久しぶりにイケメン・ワンコのダボたんと
遭遇しました。

ダボたんも寒いのは嫌いなようです。

「ワンコは寒さに強い」というのは
都市伝説なのかしら……。

11/20 「パパ大好き！」

「田んぼ大帝国」に出かけたチコちゃんですが
何だか、とっても御機嫌さんですよ♪

今日はねぇ〜
特別なの♪

実は、いつも深夜にしか帰宅しないパパが
今日は珍しく、早めに帰ってくるらしいのです。
パパ大好きっ子のチコちゃんは、もうウキウキです。

パパに喜んでもらおうと
タニシ・フレグランスを丹念に身に着けたり（好きなのか？）

パパ好みに
変身するの〜

気を利かして、晩酌のおツマミにと
藁に埋もれた蛙の干物を探したり（これも好きなの？）

もう、夜まで待ちきれないような感じです（笑）

あふ〜〜ん
待ち遠しいの♪

あとは、パパの帰りを待つだけです。

プレゼントの
スリッパ

どういう訳か、パパをお迎えするときは
スリッパをプレゼントしたがるチコちゃん。

まだかなぁ〜？

↑今日も既に、スタンバイOKです（笑）

いよいよパパが帰ってきたら、熱烈歓迎・キスの嵐！
（写真はブレブレで撮れませんでした）

どのくらい熱烈かって、以前パパのかけてるメガネが
２ｍ後方に飛んでいったくらいです。

11/26 「お茶目deダンディ」

楽しい連休もあっと言う間に終わり、
チコちゃんの大好きなパパも今日から、みっちりお仕事です。

チコをおいて
狩りに出ちゃったの

そんなチコを気遣うように今日は
お友達のダボたんが一緒にお散歩してくれましたよ。

どしたの？
しょんぼり

何かを発見したようです。何だろう…空を見てる？
……おう!?

尻尾は避けとくの
あっ！

あれは！ パラグライダーさんです！

かっこええ～！
すんげえ～

ぬおおおお～！ こっちに下りてくるYO！

ダボたんは「大きな野鳥」とでも間違ったのか
パラグライダーを追いかけて、どんどん走って行きます！
そして、その後を追いかけて走るチコ。飼い主2人もそんな2匹に慌ててついて行きましたよ～。

大きいの～♪

近くで見ると、本当に大きくてかっこいい♪
35歳にしてミーハーなチコママは
操縦（？）されてた方に承諾を得て記念撮影♪

うふ♪

わぁ～いい記念になったねぇ！
せっかくだから、ダボたんも撮らせてもらったら……。

お前か？
飛んでたの
は？

ダボたんったら（汗）目の前の大きなパラグライダーには目もくれず、その横にひっそり立ってたニワトリ小屋に釘付け…。ダボパパさんが必死に引き離そうとしても全力で抵抗してました（大汗）

12/19 「ご利用は計画的に」

２人で元気にチコチコ歩いていると
なんと！
お友達のショウたんと遭遇しましたよ♪

シヨウたん♪
チコた〜ん

うお〜！ すんごい久しぶりの再会です〜！

チコも相当嬉しかったのか、
ショウたんを必死に田んぼへ誘います♪

こっちで
遊ぼうなの♪

でもね、チコちゃん。
ショウたんは洋服着用のジェントル・ワン。

丁重にお断りされてしまいました（涙）

その田んぼは
汚いからヤダ
ガ〜ン

仕方ない。
今日は2人で仲良く畦道を歩いてちょんまげ〜。

はぁ〜〜い

ママの言いつけを守り
おりこうに畦道を進んでいくチコ＆ショウたん。

右に曲がりま〜す
曲がりま〜す

さすが。
ジェントル・ワンが一緒だと
歩き方まできれいな縦列ですよ。

今度はこっちに
曲がりま〜す
ま〜〜す

……って。
よく見るとショウたん「チコの肛門」に
釘付けなだけだYO！

延々と自分の臀部について来るショウたんに
さすがのチコも不審に思ったのか
厳しく問いただしていましたが

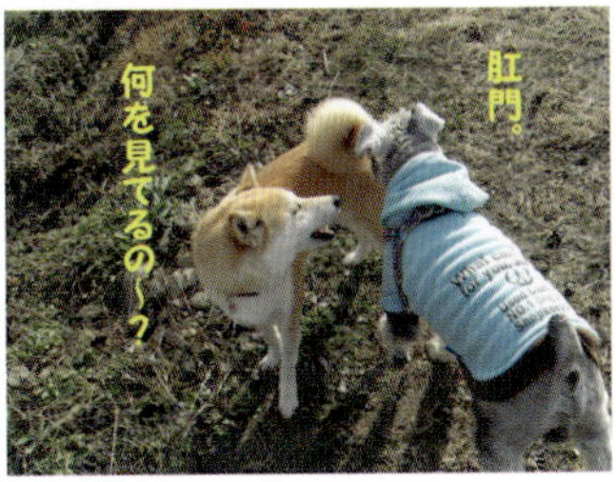
何を見てるの～？
肛門。

「肛門」というショウたんの紳士的な答えに
納得したらしい……（大汗）

な～んだ
ならいいの♪

結局、この「肛門・縦列」のまま
30分ほど田んぼを散歩したチコ＆ショウたんです（汗）

さすがに歩き疲れたので、休憩することにしました。
お気に入りのMYボールで遊び始めるショウたん。

僕のボール♪
いいなぁ～～

「人のオモチャ」が大好きなチコは気になって仕方がない（笑）

得意のプリケツ・ポーズでお願いしてみましたが

貸してなの～
駄目！

大のお気に入りですもの。
ショウたんだって、簡単には貸してくれません。

すると、あろうことか、チコちゃん

大事なボールを、力ずくで強奪！

これは、さっきの肛門の代金なの
……くっ

なんと…恐ろしや（汗）
世間のジェントル・ワンの皆さま！

女子ワンコの肛門をクンクンするときは
くれぐれも

ご利用は
計画的にね！

12/21 「シュウたん！」

今日もチコちゃんは元気よく
近所の田んぼワールドに行ってきましたよ♪

くふふ～♪
田んぼ大好き～

田んぼをグルグルと走り回っていると
向こうからワン友のシュウたんがやって来ました！

シュウた～ん♪

嬉しくって、思わず飛びついちゃうチコ。

あんれま～。

そげな激しいご挨拶するから
シュウたん、ちょっと引いてるやん…（汗）

ギャフッ
シュウたん
日本犬よりクールなの～

だから激しすぎるって～！
シュウたんもちょっと、凄んでるやん…（涙）

フンガッ
ちぇ・・

シュウたん…本当にご～め～ん～な～。

そして、いつもこんな目に遭っているのに
チコの姿を見つける度に駆け寄ってきてくれて、
ありがちょ～。

はえ？

↑こんな野生児・チコだけど
これからも、ヨロチコねぇ♪

12/22 「あと何回」

「ほおずきんちゃん」の登場ですYO！

注）尻尾です

ママの長靴も古くなって浸水してきてるし（買おうね）
もっとドライな田んぼで遊びましょうよ～。

いいよ～♪

ねぇ、あっちの田んぼなんか良いんじゃない？

ん？
足跡

そっちは明らかに「ぬかるみゾーン」だよ！
汚れるよ～戻っておいでーっ！
ぎゃあああああああ！

いやっほ～～うううう!!!

ママの絶叫をよそに
田んぼをグルングルン走り回るチコちゃん！

こげな顔になってました。

ママも
おいでなの～～～♪

ふえええええ（号泣）
これならさっきの水溜りで遊んでた方が良かった…。

……はえ？

今年が終わるまでに、あと何回シャンプーするのかしら。
しょぼぼぼ～ん。

12/23 「クリスマス気分で☆」

あああ♪ 何だか一気にクリスマス・ムードですねぇ。
散歩のとき、思わず「ジングルベル」を歌ってると

↓チコちゃんのお耳が、こんなことに（笑）

ママ、オンチ・・・
ジャイアン並みなの

ママのウキウキが伝わったのか
チコちゃんも、鼻歌交じりでルンルン気分♪

♪フンフンフ〜〜ン
黒豆よ〜♪

…あれ？
でも、何で「鹿のフ○」のお歌なの？

サンタさん
鹿に乗ってくるの〜〜

……また、ばーたんに教わったのね。（実話です）

チコちゃん、
サンタさんはトナカイに乗ってくるんですよ。

そして早いもので、チコちゃんと暮らすようになって
3度目のクリスマスを迎えようとしています。

私は「チコママ」になってから
毎日が、本当に幸せです。

ママ〜
いひひひひ〜

たくさんの方との繋がりや
日々の幸せを運んでくれる

ママ〜〜〜
待ってえええええ〜〜

チコちゃんが、ママのサンタさんなのかも♪
ありがとね、チコ・サンタさん。

12/24 「クリスマス・イヴ」

皆さま、どのようなクリスマスをお過ごしですか♪

チコちゃんは、いつも通り
元気いっぱいに田んぼを走り回ってますYO！

いや…

いつも以上に元気かも……（笑）

今日がクリスマスで
美味しい物をたくさんもらえるのを知ってるのかも〜♪

家に帰ると大好きなブログ友達さんから
可愛いクリスマス・カードが届いていました♪

もちろん可愛いワンちゃん達の写真入りです♪
そうそう、ママりんさんは
なんと、デンマークから送ってくださったんですよ♪

田舎のチコ家に

爽やかな欧米の風が吹いた気がした…。

12/26 「それぞれの落し物」

「劇団チコリの団長」と「オニギリ相談所の所長」という二束の草鞋を穿くチコちゃん。
年末だからといって、休む間もありません。

今日も元気に、パトロールに出かけましたYO！

どうかしら。
何か不審なオニギリ（？）や落し物はあったかな？

…そうかい？
チコちゃんの横に見えるズック＆ビール缶は、
ママの目の錯覚かしら（汗）
自分が興味ない落し物は、完全にスルーするチコ所長。

草叢の向こうに
「興味ある」何かを見つけたようですよ♪

あれは……
確実に数ヶ月は放置されてたであろう、ボールさん。
長い月日を日光に照らされて
ガビガビにひび割れていますが、チコちゃんは大興奮♪

投げて、投げて♪ とママにせがみます♪
ふっ。カワエエのう……。

んじゃ、投げてあげるから、ちゃんと取ってね♪
いくよ〜それ〜〜〜〜！
…………あ。（大汗）

あんれま〜。
ボールさん、溝に落ちちゃったねぇ……。

どうするって、諦める。（キッパリ）

だって、この溝はママの身長くらいの深さがあるんだよ？　こんな深い所に、入れるわけ……

ママの愛情は
溝より浅いの・・・
フーッ

………入らせていただきます（キッパリ）

ふえええ〜。
ちょっと恐いけど、これも愛するチコちゃんの為。

行くぞ！

「チコママ、溝にフェ〜ド・イ〜〜〜〜ン！」

ママ〜大丈夫〜？

うおーっ！
実際に入ってみると、本当に深いYO！

何だか地上のチコちゃんが、遠くに見えるよ〜。
井戸にでも落ちた気分だよ（汗）

ママ、
そこで遊んでてね
チコ、あっちに行くの

いや…遊んでる訳じゃないのに。

チコちゃん、行っちゃった（嗚咽）

この後、腕の力だけで何とか溝から這い上がったチコママ。
ふと足元を見ると、必死に救出したボールは放置。
しかもチコちゃんはフレグランスに夢中……。

すりすり
すりすり

空しい。空しすぎる……。

相談所、年内で閉鎖の予感アリ……。

12/29 「今年最高のスクープ映像」

今日の福岡県は
寒さに強いハズの日本犬がチコッと
変顔になるくらいに

さっぶぅうううう〜

寒かったです〜。おまけに風も強い！
細身のチコママは飛ばされそうで、もう大変！
（嘘です。すんまそん）

チコちゃ〜ん、たすけて〜！

チコが
一発芸してあげましょうか

いいねぇ、それは体が温まりそうだわ（そうか？）
で、どんな芸なの？

茹でたエビ♪
クルッ

あら、上手〜♪
本当に、茹でたてプリプリのエビさんみたいだよ♪
すごいね〜チコちゃん！
（注：我が家は褒めて伸ばすタイプです）

チコ、だいたい
何でもできるの〜♪

おかげで、ママの体も温まったよ（褒めて、褒めて）

ぬぉおおおおお!

ママに一発芸を褒められて
お鼻がグングン伸びたチコちゃんは

いつも以上のすごいスピードで大疾走！

茶色の弾丸・チコなの～

その速さは「もしかして、チーターより速いかも」と思ってしまうほど。（水前寺清子さんじゃないよ）

あんまりカッコイイので夢中になって写真を撮っていると

なんと

きゃわ～～んんん

↑2007年・最高のスクープ映像

チコちゃん、気持ちに足が付いていかず転倒（嗚咽）

チコママは見てしまいました。
疾走中に前足がつんのめったのか、
急に逆立ちになり
そして、そのまま顔面着地したチコを……。

だ、大丈夫かい……チコちゃん。

何が起こったの？

首の骨、折れなかった?（汗）
ありえない格好で、着地してたけど……。

いひひひひっ
チコッと転んだの

い、いや。
あれは「チコッと」って転び方じゃなかったよ（汗）
でも、本当に無事でよかった。

大丈夫なの～
くふふふふ♪

幸い、チコにはケガはなかったのですが
チコママの動悸は、しばらく止まりませんでした（汗）

それにしても、あんなところ
誰にも見られなくて本当によかった……。

ブログの読者さんからあるメールを頂きました。

「人の土地である田んぼに犬を侵入させるのはいかかがなものか」という内容のものです。もちろん、イジワルや中傷ではありません。農家の方にご迷惑がかからないか、勝手な侵入でワンコの地位が悪くならないか、心配してくださってのメールでした。私の説明不足で、読者さんにご心配をかけてしまいました。申し訳ありません。この機会に、今まで封印していた「田んぼ大帝国憲法」をご紹介したいと思います。どうぞ、ごらんくださいませ。

「田んぼ大帝国憲法」～明るいワンコ社会のために～

第一条
ウンPは1グラムも残さず、持ち帰ろう。

チコは妖精だから
うんPでないけど～
（大嘘です）

フンは持ち帰ろう
飼い主の生きざま判る犬のふん

これは、本当に基本的なことですが
同時に一番大事なことでもあります。
なんせ生きざまが判っちゃいますから。
チコの為にも素敵な生きざまを見せていきたいと思います。

第二条
田んぼが活動期になったら絶対に侵入しない。

んえええええ？！
そんなぁ～

チコ
♪タラッタタラタラ
チコママ・ダンス～

そんなぁ～ではありません（汗）
大事な大事なお米さんが田んぼで
ネンネするからね。
踏んづけちゃったら、
ご～め～ん～な～では済みませんよ。
ただし、畦道を踊りながら行進するのはセーフです。
まぁ、違う意味で違法行為ですが（捕まっちゃう？）

そして次なる第三条は特に女子ワンコは注意ですよ。

第三条
夏になったら登場する「生首王子」に恋をしない

小泉孝太郎たん風の
イケメン。

生首さまぁ〜〜

♪どうしてどうして僕達
出逢ってしまったのだろう

この王子様、チコママも見とれるくらいのイケメンなのですが、本職は「案山子」でございます。
つまり、稲の収穫が終わると、サヨナラ・グッバイなのです。
なので、ウッカリ恋に落ちてしまうと秋にはお別れなので、辛い想いをしちゃうだけです（涙）
切ないNE！
彼は､かなりのイケメンなのでなるべく目を合わさず、通りすぎる事をお勧めします（目で殺されるので）

あとは礼儀編として

第四条
国王（地主さん）に出会ったら、笑顔でご挨拶すること

柴犬のチコです〜
いつもありがとなの〜

とか

第五条
「乗りんしゃい」と強く勧められたリアカーには義理で乗ること

あの日から
リアカーを見ると
尻尾が下がるチコです

（実話です）

あとは飼い主編として

第六条
どんなに我が子が汚れても、泣いちゃダメ

注）チコです

ママは第六条を、守れなかったなぁ…（遠い目）

以上が、田んぼ大帝国憲法です。
この6つを守れるならば「思いきり、走りんしゃい！」と帝国の地主さんたちは言ってくださいます。チコ家が住む地域は（田舎なせいか）ワンコ飼いが多いのでワンコには寛大なのかもしれません。そんな地主さんのご親切を裏切らないように、これからも田んぼライフを楽しみたいと思います。

楽しい毎日を
ありがとなの〜♪

チコのなりきり有名人

柴犬チコがいろんな有名人に、七・変・化♪この姿で街を歩くと、本人と間違えられてサインを強請られるかも？（ないない）

ギャルチコ

!!

アンタ、チコの何なのさ

宇崎チコ

志村チコ

あい〜〜ん

チコ昌夫

♪白樺〜あおぞぉら
みぃな〜み風♪

天地チコ

♪あなた〜を待つの
テニス・コオト♪

鳥羽チコ

♪波の〜谷間にぃ〜
いのちの〜はながぁ〜

マリリンチコ

あんれま、ハリウッドデビュ〜?!

新年
明けましておめでとうなの

ママって本当に
騒がしいの

チコのママは
ココロが広いの

ブッ・・・
ブッって
誰かが言ったの・・・

?
ん?

2008

上半期

1/1 「2008年チコ家の行方」

昨年は、本当にお世話になりました♪
今年も楽しみながら更新していきたいと思いますので
「柴犬のチコ。」を

「今年はネズミ年なのに、何でウサギの被り物なのか」
という点につきましてはあまり考え込まずにスルーして
下さいNE！

さてさて。
大晦日から、かなり冷え込んでいた福岡県ですが
今朝、目覚めてみると
こげな事になっていました（汗）

一夜にして変貌を遂げた「自分のなわばり」が
心配になったのかあちこちを念入りにチェック。

あ。
「初・チコ屁」でてしもた（汗）

大丈夫！
チコちゃん、落ち着いて！

嗚呼（涙）
我が家の2008年はチコ屁で始まってしもた……。

むかしから「１年の計は元旦にあり」といいますが
だとしたら、チコ家の2008年は去年よりも波乱万丈なの
かしら……（滝汗）

ど、どうか「チコ屁占い」外れますように！

1/3 「パパとチコ」

今日はチコッと用事があり、忙しかったチコママ。
チコちゃんのお散歩をパパ１人にお任せしました！
「いっぱい写真撮ってきたから見てみそ」と
自信たっぷりに言うので見てみると……。

遠いYO！　もはや、どれがチコかもわかりません（汗）

ボール遊びの写真もあるそうです。
どれどれ……。ぷっ!!

チコママは、この写真を見た時、
思わず吹き出してしまいました。
だって、ママとボール遊びをする時のチコは
こんな全開の笑顔なんですよ〜。

くふふ〜♪

なのに、パパが撮ってきた写真には
こんな感じや

あはははは・・・

はたまた、こんな感じの笑顔ばっかり（笑）

えへへへへへ〜〜
（棒読み）

もう、明らかに「愛想笑い」なんです〜。
これにはチコッと理由が。

チコは本来、すんごいパパっ子なのですが
パパと２人きりでお散歩に出ることが、ほとんどないんです。（仕事で忙しいので）

なので

パパと二人で大丈夫かなぁ
パパ、帰り道
知ってるのかなぁ〜

という感じに心配になるんだと思います（笑）

いや、もはや

パパ、
どこにも行っちゃだめよ
チコに「ツケ」なの

こう思ってるのかもしれません。ぷっ。

あ〜〜〜〜
パパの散歩も大変なの

1/10 「チコのツボ」

G・レトリバーのお友達がやって来ました～♪

ラッキー＆ファルたんはチコが小さい頃からの知り合いで、とっても穏やかなワンコなんです♪

す、すいまそん（大汗）
チコは、この２人の事が大好き♪

ラッキーたんもファルたんも「オトナなワンコ」なので
チコの事など、相手にしないのですが

チコはそんな２人の後をついて行くだけで
すごく楽しいらしい……（笑）

何がそんなに楽しいのか、ママにはわかりませんが、
２人のおかげでチコちゃんも機嫌よく帰る事が
できました♪

めでたし　めでたし♪

1/15「解決☆チコ屁」

午後からチコちゃんは元気にお散歩しましたよ！

チコちゃん、元気に遊んでらっしゃい♪

隣の田んぼに駆けて行ったチコちゃん。
何かのフレグランスを見つけたらしく、
楽しそうにスリスリしていましたが

ふと、その動きが止まりました。

お？　おおおおおお!?

明らかに、自分の臀部を気にしています！

もしや！

「チコ屁」の仕組みを理解したのか～!?

次回、チコ屁が出た時の
チコの反応に、乞うご期待!!!

1/28 「ピュアハート」

今日の福岡県は
朝から冷たい雨が降ってましたよ～。

こんな日はいつも「柴亀カッパ」でお散歩のチコちゃん
ですが、今日は裸族でお出かけです。
うふ♪ たまには雨の散歩も
ノビノビと楽しんでもらおうと思って～♪

うん、いいよ♪
可愛いチコちゃんが喜んでくれれば、ママはそれで満足
なんだから。

おっ。
今日は、鳥糞フレグランスなのね。
いいよ～いいよ～。オサレでいいんじゃないの♪

チコママのピュア・ハートを疑うの!?
（泣き崩れるチコママ）

ぐすっ。わかってくれれば、いいの。
ごめんね、ママもちょっと感情的になっちゃったね、
てへ☆（何者？）

チコちゃんが楽しければ、それでいいの。

だって、だって。

今日はサロンの日なんだもの♪♪

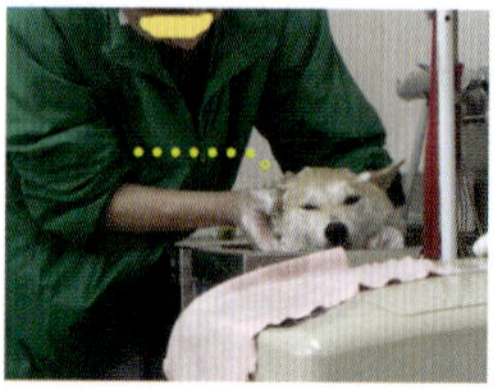

とりあえず、今日はオヤスミなさい♪

ピュア・ハートのママより。

1/29 「覚悟」

今日もチコちゃんは元気に
田んぼ大帝国に出かけましたよ～。

やったぁ♪
いひひひひ～

何かのフレグランスを見つけたのか、
突然クンクンし始めました。

ちょっと今、忙しいから
後でお願いなの

いやいや（汗）
今すぐ、早急に親子ミーティングが必要だYO！
ちょっと、こっちにおいで！

チコ、忙しいんだから
手短にお願いなの

～～～ミーティング中～～～

あの…チコちゃん。
突っ込みどころ満載の汚れっぷりですが、
それはさておき。さっきは何をホリホリしてたの？

もぐら！

も…もぐら（汗）

そっか～そうね。
あそこには、もぐらの巣がたくさんあるものね。

よくわかりました～。
んじゃ、帰ったら足＆顔シャンプーね。

～～～ミーティング終了～～～（早っ!!）

かお・・・シャン・・・

そう。
チコちゃんが楽しいのなら、どんなにちょっと汚れようと構わない。田んぼに来ている以上、覚悟してるわん。

でも同時に、“うちシャンプー”も覚悟してるんだYO！

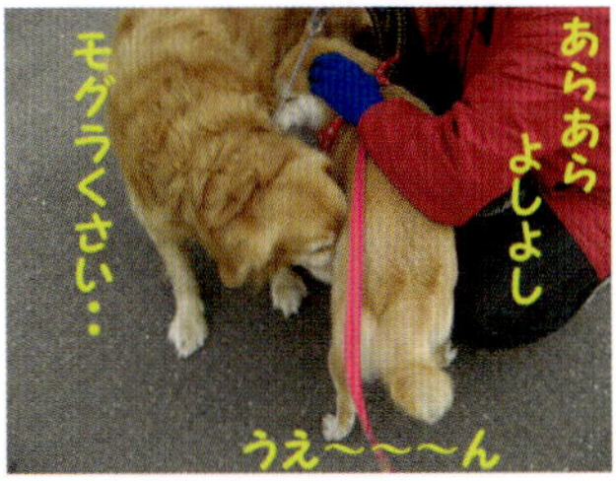
あらあら
よしよし
モグラくさい・・
うえ～～～ん

↑お友達のラッキーたんに泣きつくチコ。

チコが掘った穴は、元通りに埋めました。
もぐらさん、ご～め～ん～な～。

1/31 「それぞれの背中」

ワン友の「肛門ストーカー」ショウたんがやって来ましたよ♪ よほど嬉しいのか、急いで駆け寄る２人（萌）

チコは大はしゃぎで、
早速ショウたんを「モグラさん発掘現場」にご招待。
肝心のショウたんはあんまり興味がなさそう……（汗）

ヒマを持て余したショウたん。
そっと「ちこうモン」をテイスティング。

これに気づいたチコは大激怒です！

どうしてもショウたんに
一緒にホリホリしてほしいらしい…（なんて迷惑な）
普通なら「俺はモグラに興味ないんだＹＯ！」と
怒ってしまうところですが

さすがジェントル・ワンのショウたん。
しぶしぶ、モグラ発掘に参戦です。

ああ…ショウたん。ありがとう（感涙）
チコのワガママにいつも付き合ってくれて……

あ。

ショウたん……（涙）

頑張って言い張るんだ！

何だか背中の「亀」と「スヌーピー」が
それぞれのキャラを表しているようで
チコッと切なくなったチコママです（汗）

2/1 「ムキムキ三昧」

ウチのチコちゃんは

11キロです♪
二桁、キープしてます♪

だよね（汗）
１桁には１歳で、さよなら・グッバイしたよね。

そして同じ「２桁キープの柴女子」と言えば
にん！ この方。

お久し振り！姫です♪
いひ

チコの柴親友・姫ちゃんです。今日はお天気が良かったので、田んぼに遊びに来てくれました〜♪
ちなみに姫ちゃんも、チコと同じ11kgです。

チコママの欲目（もしくは願望）かもしれませんが、この子達の重みは足や腿に付いた筋肉の重みのせいではないかと思うんです。

ムキムキ
ムキムキ

２人とも、日頃の運動量が多いせいか本当に筋肉ムキムキなんです。
ついでに歯も、ムキッ歯だし。（注：楽しく遊んでいます）

もう、あっちこっちがムキムキですよ。

ムキムキだって、いいよね！
田んぼの側溝にだってスムーズにINできるんだもの。

姫たん
ほそ〜い♪
すいすい♪

全然、問題ないよ。気になる体重だって

二桁で
ちょうど良い感じ♪
いえてる〜

だよね。

きっと、これから先も
この子達は、ずっとムキムキし続けていくでしょう。

ばいば〜い
ムキッ
またね〜

↑お別れの挨拶も、もちろんムキッ歯で。

全国の隠れムキッ子諸君！
この機会に「ムキムキ倶楽部」に入会しませんか！
ご連絡、お待ちしてます。

2/2 「ダボパパさんへ」

今日もダボたんと遊んでいると
パパさんがポツリと一言。

「ダボってさ〜、チコたんのブログでは
いつも三枚目キャラだよねぇ……」

た…たしかに（事実だから）
ダボたん!! パパさんの為にも今日は
とびきりのボール・キャッチを見せておくれ！

ああ、また（大汗）。チコちゃん、チコちゃん
ちょっとこっちに来てみそ？

〈親子ミーテイング中〉
あのねぇ。今日はダボたんのかっこいい所を記事に書きたいの。ちょっと協力してくれると嬉しいんだけど……。

お、ありがと♪
んじゃ、頼むねチコちゃん。
〈ミーティング終了〉
いくよ〜それ〜!!（投球）
うん。ダボたん、ボールを咥えたみたいだよ。
今だ！ チコちゃん、行け〜〜!!

お、いい感じ！ チコちゃん、ナイス！

こりゃ〜今日はいい記事が書けそうだわん！

……と、ここまでは順調だったのですが

イケメンな僕にウカれ過ぎたダボたん、
チコッとはしゃぎ過ぎたのか
足がもつれて、顔面から田んぼに転倒!!

2/3 「いとおしい理由」

今朝、張りきって掃除機をかけていたチコママ。
ふと足元を見ると
何とも構ってほしそうな、柴ワンコが１人。

チコちゃんよ…。
ママは今、お掃除中なんですよ？
昨日、買ってあげたボールさんで遊んでてくれる？

……早っ!!

んじゃ、仕方ないねぇ。
チコちゃんが大好きな、アレをあげましょう。

にん！ アルミホイルの芯。

これがあれば、充分にヒマを潰せるよね♪

うふ。

まだ買って間もないアルミホイルなんだけど♪

我が家には、この写真のような
「チコを喜ばせたいあまり、無理に剥ぎ取られたアルミ達の残骸」が
山のようにあります（汗）

何とも不経済な話ですが
チコちゃんがこんなに喜ぶんですもの〜。

これからもきっと、アルミの残骸たちは
どんどこ増えていく事でしょう……。

2/7 「恋愛模様」

姫たんとムキムキ遊んでいると、なんと!!!!
生粋の「肛門・ストーカ」ショウたんが
やって来ました！

新しい肛門、発見！

ああ、ショウたん今日も
「ちこうモン」に釘付けになるのかしら～～と思いきや、
あんれま！ あっさり、姫肛門に乗り換えてますやん！

ひどい!!
ショウたん、肛門・浮気現場

これには、さすがのチコッぺも、ちょっとショック……。

あんなにチコの肛門が
好きだったのに・・・・
男って、こんなもの？

そりゃ、そうです。
2歳にして初めて知る「男の身勝手さ」なんですから。
ああ、チコちゃん泣いちゃうかも……、お？

そんなに
いいの?
どれどれ

チ、チコちゃん? 自らも「姫肛門」をテイスティングしてる!? 　わ、わからない…ワンコの世界（大汗）

最後の方には、もっとわからない事になってました……。

♪ラララみんなで肛門
嗅ごうよ〜♪

（幸せ肛門マーチ：作詞作曲チコママ）

3人で肛門マーチを合唱していると、これまたおなじみの都会犬・プーチンたんがやって来ましたよ♪

お待たせでしゅ
メイクに
時間かかったでしゅ

こっちで一緒にあそぼ……、あ。

うはうはうは・・・

ショウたん。
今度は「プーチン肛門」をストーキング（汗）

何という変わり身の早さ!!!

ポツン・・・・・

ワンコの世界も、なかなか大変なんだなぁ～～～。
いろんな事を考えさせられたチコママなのでした（汗）

2/10 「チコ、都会へ！」

今日の午前中は、チコちゃんと一緒にこげな所に行ってきましたよ。
にん。ヤフードーム。

洗練された、都会の雰囲気に田舎っぺのチコちゃんもどことなく、おすまし♪
（鼻の穴だって、今日は広げません）

で、何でこんな所にいるのかと言うと。

ばーたんが朝から具合が悪かったので
ドーム横にある病院の、救急外来に連れてきたのです。
（なぜかチコも　汗）
おかげで、診察が終わるまでの2時間、パパと2人でこの寒空のした、チコっぺと公園で待機する事に（涙）

只今の時刻、AM10時。さむい……さむいよ……。
海からの冷たい風に震える三十路夫婦を尻目に
めちゃくちゃ楽しそうなチコっぺ。

「朝からドライブ＆公園なんて最高なの～フォーッ！」
とばかりに大はしゃぎしてましたが、しばらくすると

こんな状態に（汗）

お家の温かい毛布が恋しくなってきたのか
運転手のパパをガン見（大汗）

チコちゃん…我慢しておくれ。
ばーたんの診察、もう少しで終わると思うからね。

眠気に勝てず砂場にフセしたチコがあまりに可哀想で
お手手だけ、砂風呂に入れてあげました。

2/12 「チコ、危機一髪！」

今日の福岡県、とにかく寒い!!
どのくらい冷たいかって言うと、チコちゃんがこげな顔になっちゃうくらいです！

可愛いチコちゃんでさえ、こげな顔ですから、チコママの顔なんて、もうこの世の物ではないだろうなぁ。

……やっぱりか（汗）

バッタ狩りや、１人駆けっこを楽しんでいたチコちゃんですが、突然田んぼ中に響き渡るような声で、「ギャアァン!!」と泣き叫んだかと思うと、その場に立ち尽くしてしまいました！
見ると後ろ足が、ブルブル震えています！

どうしたの!?　慌てて近寄ってみると、
恐怖のあまりかカラダまで小さく震えています。

これは、ガラスか何か踏んでしまったのかもしれない。
すぐに肉球をチェックしてみましたが
幸い、ケガはないようです。
じゃあ、何？ アンヨを挫いたの？

震えるチコに「大丈夫、大丈夫だからね」と
声をかけながら、チコの後ろ足をよく見てみると

なんと!!!!!
後ろ足の指と指の間に、小石が挟まっておった…。

チコちゃんよ。一言、言っていいかえ？

あなた、大袈裟すぎ。

でも、何もなくて良かった。本当に、良かったです……。

2/21 「チコの変化」

さてさて。いい子のチコちゃんですが
最近、また新たな変化が出てきました。

ええ～これ以上
いい子になったら
困るの～～♪

いや、最初は隠そうかとも思ったのですが
徐々に周りの方が気づきだしちゃったので……。

隠さなくっていいの♪
はっきり言ってなの
わくわく♪

そうですか。んじゃ、思いきって言いますよ。
最近、チコちゃんの……、頭が割れてきました。

ザックリ♪
はえ？

去年の夏までは、割れてなかったのに
（プチコママさん証言）今では、真っ二つですよ。

パカ～ン
※遠目だと
より一層、くっきり

いや、もちろんチコママ的には愛するチコの頭が二分化しようが、八分化しようが全く構わないのですが（こわいよ）プチコママさんが、あんまり「割れてる、割れてる」って言うもので…。

あれですかね。

3歳って、割れ時なんでしょうか（大汗）

パカ～～ン

どなたか、教えてください……。

2/23 「エンドレス」

実は、昨日の夕方から
こ〜〜んな楽しい時間を過ごしていました♪

チコは
どうしてこんな事に

逃げようとしても無駄だと思うよ。
とっても優しいけど、いざとなると冷静な
トリマーさんに捕まっちゃうからね（笑）

チコは汚くていいの
シャンプーご無用なの

この後、たっぷり1時間
泣き叫びながらシャンプーされたチコッペなのでした。
そんな盛りだくさんな1日を過ごしたせいか
今朝のチコちゃんすんごいウダウダ（笑）

まだ眠いの・・・

結局、午前中いっぱいネンネしてましたが

その甲斐あってか午後からは、完全復活！

くふふ！
柴犬のチコ、復活！

よほどエネルギーを蓄えたのか
空、飛んでましたYO！

えいや〜〜〜

ぎょえええええ!!
アナタ、ナニヤッテルンデスカーッ！

シャンプーのカホリ
消しちゃうの〜

2/29 「ワンコ社会」

田んぼ大帝国に嬉々として出かけましたよ。
さぁさぁ、2人とも、思い切り遊んでらっしゃい！

OK牧場なの!
チコ姉たん
これで遊ぶ?

ケガしないように遊ぶんですよ～！
おお～さすが筋肉自慢の２人。すごい勢いで、広い田んぼを走り回ります。
よく「そんなに走り回って、呼び戻しできるんですか？」という質問をいただきますが、心配ナッシング。

キーッ!
ずるいの!
姫が先に
もらおうっと♪

一言「オヤツ～～～」と言うだけで
またすごい勢いで戻ってきます（汗）
そして激しいオヤツ争奪戦。

チコの方が
早かったの!
違うよ!
姫だもん!

オヤツをたらふく食べた後はお水・争奪戦。

ゴクゴク
グビグビ

……何だか、アレですね。
人間と同じで同性同士って、遠慮がないですね（汗）

それだけ、気心が知れてるって事なんでしょうか♪
ワンコの社会も、なかなか奥深いようです♪

3/3 「チコ屁」

昨夜から降っている雨のせいで
朝のお散歩はビショ濡れになってしまったチコちゃん。

お家に帰ると自分でボディのお手入れ中です♪

アンヨも濡れたの…

ママもしっかりタオルドライしてあげたのですが
やっぱり仕上げは自分でしたいのでしょうね（笑）

カキカキ
お顔も濡れたの…

どう、チコちゃん。キレイになったかな？

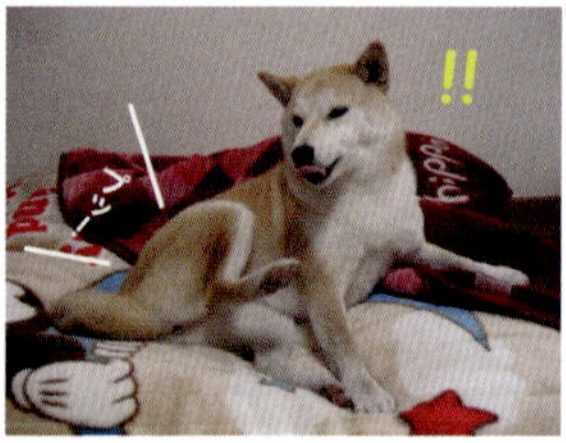
プッー
!!

あ。
い、今の音はもしかして…チコ屁!?

そのようです（大汗）

プッって
誰かが言ったの…

ああ…チコちゃん。
また「チコ屁」に怯え、暴走しちゃうのね……
と思いきや

まぁ、いいや
ねむいし

……良かったんだ（汗）

絶対恐がると思ったのに
何だか「社長さん」のような威厳さえ感じますよ。

オトナになったのか
ただ、眠すぎただけなのか。
きっと後者でしょうね。ぷっ。

3/4 「似たもの親子」

田んぼ大帝国が、雪に埋もれ真っ白です！
南国・九州生まれの九州育ちであるチコッペは
ちょっと戸惑い気味ですよ～。

雪自体は嬉しいけど
「チコの大事なタニシさんや牛糞さんはどこに行ったのだろうか」とか

「ちゃんと元の、フレグランス満載な田んぼに戻るのだろうか」とか、いろいろ心配なのかもしれません。

しかも、雪に慣れていないもんだから

たいした積雪でもないのに
１人で派手にコケていました……（汗）

ぷ……ぷぷぷ!!!

いや…（汗）ワタス達、似たもの親子だなぁと思って♪

チコちゃん。ウンＰも済んだし、もう帰ろうか。
また転んだら危ないし。

だね～～～。

「無難に散歩できない親子」は手に手をとりながら
注意深く歩を進めて、やっとこさお家に帰りましたとさ♪
ホッ。

3/5 「カッパ様」

午後からチコッペの嫌いなアイス・バーンは無事に溶けましたが、今度は雨が降ってきた福岡県です（涙）

そろそろ、何も身に着けずに
お散歩したいと願う、チコママ親子です。
（いや、ママは服は着るけど）

ふ～
朝はケープで
昼はカッパなの～

いつもの田んぼ大帝国に着くと
チコちゃんは、早速あちこちをチェック。

クンクン
異常なしなの

「雪に埋もれていた間、何か変わった事はないかしら」
とクンクン。

あああ!!!!

んふ♪
プリッ!

チコちゃん!!
アナタ、ナニヤッテルンデスカーッ！ フンガーッ！
慌てて、チコに駆け寄ってみると

なあに?

いやあああああ!!!!!!!

すんごい泥だらけやないの～！何て言うか…
もう「雪解け・フレグランス」って強烈ぅううう！

ママって本当に
騒がしいの

でも、よく見るとカッパのおかげで
カラダは汚れなくて済んだようです。

カッパさん…助けてくれたんだ……。

3/8 「ケメンの油断」

チコちゃんとウキウキ遊んでいると
何でしょうか。
「ドスドスドス…」という地響きの様な音が聞こえます。

なに？ 地鳴り!?

しかも、その地響きどんどん近づいて来てるような…。

あ。

ああああ!!!! チコちゃん、後ろ！

イケメン・ワンコのダボたんでした〜〜〜♪

ダボたん、今日もイケてるNE！
でも寝起きなのか「目やに」が付いていたので（爆）
パパさんにフキフキしてもらいます。

かわええ……（恋）
その間、チコちゃんは

そうだね。
じっと観察されてたら、ダボたんも落ち着かないだろう
から遊んでようね。

え。
いや…それはダボたんの大事なボールなのに……。

ごめんね！ ダボたん！

……ほんっと　ごめんね〜〜!!

今度から
目やには取ってから散歩した方が良いかもよ〜（恋）

家族紹介

我家はチコを入れて５人家族です。
その生活はチコを中心に回っております（笑）
そんな「チコにゾッコン」な家族達をチコッとご紹介しま～す♪

お～よちよち♪
ひでぶ・・・

ばーたん（近所に住む）

チコのオヤツ係（笑）
お腹がふくよかなせいか、いつもチコから腹部を攻撃されている。
プピプピ音が鳴ると思われてるのかも!?

おツマミ♪
なぁに?それ

チコパパ

サラリーマン。
趣味は魚釣り（小魚オンリー）に山菜取りも大好きなチコッと若年寄りな三十代。

ママ・・・

チコママ

主婦。
１年中チコと田んぼを走り回っているため下半身が異様に逞しく進化。
マイブームはＴシャツなどのタカトシグッツ。
欧米か！

はいはい♪
ねーたん♪

ねーたん（近所に住む）

チコのマッサージ係（爆）
いつもチコに「背中を揉んで？」と背を向けられています。
ソフトバンクホークスの大ファン。

❶

❷

❸

Mickey
and
Minnie
❹

❶パンツマン／時々、チコにパンツを脱がされ全裸マンになっています（涙）❷コング／チコママが忙しい時にチコの相手をしてくれます。❸オモチャ箱／別名「チコの宝箱」たまに食べかけのガムなどが入っています。❹チコ・ゾーン／チコママお手製のベッド。人間の布団３枚分の綿を詰め込みました♪

改めて確認する
柴犬の特徴

「育犬書（？）」には、必ず書いてあるその犬種の性格や特徴。
チコをサンプルに、ちょっと検証してみました♪

柴犬の特徴を本やネットで調べると必ず書いてあるのが「飼い主に従順で忠実」とか「身内以外には気を許さず、そっけない」という事でした。
でも実際にチコと暮らしてみると、まるで反対な事ばかり（汗）「飼い主とは対等に張り合い、初対面でも可愛がってくれる人には、スリ寄ってマッサージをおねだり」するチコ。もちろん柴犬に向いているという番犬にもなりません。むしろ「チコのための番犬」が必要なくらいです。これって時代の変化？ それとも育て方のせい？

もう駄目・・・
キーッ

じゃれ合い

他の犬より柴犬同士のじゃれ合いは、とってもパワフル！

俊敏性

俊敏性に富むといわれる柴犬。よく溝にハマっちゃうのはチコだけ？

うえ〜ん
たすけてぇぇぇぇ!

ウオ〜〜〜ン
ウオンウオン

遠吠え

毎日欠かさない遠吠え。この時だけはチコが凛々しく見えます。

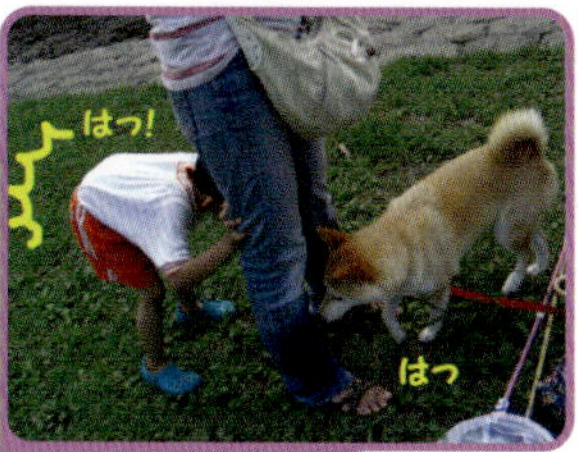
はっ!
はっ

人見知り

これも、人見知り？（笑）

あの・・・
オヤツ・・・

あったか〜い

挟まってるの♪
くふ♪

甘えん坊

「柴犬は孤独を愛する」って本当かなぁ？
チコはすんごい甘えん坊さんです♪

チコちゃんのワンコママさんへ

ママさん、２年前の今日
チコちゃんを産んでくれて、
本当にありがとうございました。
ママさんにとって、チコは初めての赤ちゃんでしたね。
きっと命がけで産んでくれた事でしょうね。
そんな大事な赤ちゃんを、オッパイを飲む
可愛い盛りに引き離させてしまったこと
本当に申し訳なく思ってます。
でも、ママさんに恥ずかしくないよう
チコちゃんを大事に大事に育てますから。
どうか許してくださいね。
本当に、ありがとうございました。

チコちゃんへ

チコ！

2年前、無事にこの世に生まれてくれて

本当にありがとう！

ママに甘えたい盛りのチコを

私達の勝手で引き離してごめんね。

もっと、ママのオッパイ飲みたかったよね。

でも、チコママも一生懸命

チコを愛していくから

これからもヨロチコね！

そして、最後に。

子供ができなくて

毎日、泣いてばかりいたチコママを

“母親”にしてくれた事、

本当にありがとう。

最後に

最後までチコ・ワールドにお付き合いいただき、ありがとうございます。
「柴犬のチコ。」は初めて犬と暮らす事になった私が
日々の記録の為にと始めたブログです。
と言っても、実際にブログを開始したのはチコが１歳を過ぎてから（汗）
それ以前の１年は、チコとの絆を築くのに一生懸命で
２つのことを同時にできない不器用な私は
日記を残す余裕なんてなかったんです…。
意志が通じ合わず、お互いにオロオロしていたあの頃（汗）
今となっては懐かしい思い出ですが、当時は本当に必死でした。
チコと私は普通よりもずっと長い時間をかけて「親子」になったような気がします。
これからは一卵性親子を目指して頑張りますので（笑）
どうか見守っていてくださいね。

最後になりましたが書籍化にあたり、
何もわからない私をここまで導いてくださった関係者の方々、
本当にありがとうございます。
そしてそして。
いつもチコを可愛がってくださるブログの読者様＆この本を手に取り
チコの生活を覗いてくださった皆さま、本当に本当にありがとうございます！
これからも「柴犬のチコ。」を、どうぞヨロチコお願いします！

http://chicolove.blog99.fc2.com/

柴犬のチコ。

2008年5月23日第1刷発行

著者　チコママ

発行人　蓮見清一

装丁　角谷直美（HIT STUDIO)
本文デザイン　HIT STUDIO

発行所　株式会社宝島社
住所　〒102-8388 東京都千代田区一番町25番地
電話　03-3234-3692（編集）　03-3234-4621（営業）
郵便振替　00170-1-170829（株）宝島社

印刷・製本　東京書籍印刷株式会社

Printed in Japan
ISBN978-4-7966-6305-2

＜お願い＞
本誌の内容に関するご質問・お問い合わせ等は電話では受け付けておりません。
恐れ入りますが、小誌編集部までFAX（03-3221-7907)、
または封書（返信用切手同封のこと）にてお願いいたします。
尚、本誌内容の範囲を超えるご質問にはお答えできない場合もございますので、
あらかじめご了承ください。